高等学校"十一五"规划教材·土木工程系列

风景园林工程概预算

主　编　陈永贵

副主编　吴万兴　陈英秀　孙景荣

哈尔滨工业大学出版社

内 容 提 要

本教材系统阐述了风景园林工程概预算和工程量清单计价的相关内容,主要包括风景园林工程概预算基础、风景园林工程施工图的识图、风景园林工程定额计价、风景园林工程设计概算、风景园林工程施工图预算、风景园林工程竣工结算与竣工决算、工程量清单计价概述、风景园林工程工程量清单计价编制与示例等。本教材内容丰富、简明扼要、重点突出、通俗易懂、操作性及实用性强,可供高等院校园林、风景园林等相关专业"工程概预算"课程使用,也可供市政、园林工程建设单位的预决算编制人员或审核人员学习参考,还可作为造价员考试的参考书。

图书在版编目(CIP)数据

风景园林工程概预算/陈永贵主编. —哈尔滨:哈尔滨
工业大学出版社,2010.6(2022.1 重印)
ISBN 987 - 7 - 5603 - 2546 - 0

Ⅰ.①风… Ⅱ.①陈… Ⅲ.①园林-建筑工程-建筑
概算定额-教材②园林-建筑工程-建筑预算定额-教材
Ⅳ.①TU968.3

中国版本图书馆 CIP 数据核字(2010)第 060410 号

责任编辑 王桂芝
封面设计 张孝东
出版发行 哈尔滨工业大学出版社
社   址 哈尔滨市南岗区复华四道街 10 号 邮编 150006
传   真 0451 - 86414749
网   址 http://hitpress.hit.edu.cn
印   刷 哈尔滨市工大节能印刷厂
开   本 787mm×1092mm 1/16 印张 15.25 字数 387 千字
版   次 2010 年 4 月第 1 版 2022 年 1 月第 5 次印刷
书   号 ISBN 987 - 7 - 5603 - 2546 - 0
定   价 38.00 元

编　委　会

主　编　陈永贵

副主编　吴万兴　陈英秀　孙景荣

参　编　赵明德　樊　萍　秦江庭　徐　莉

　　　　　白世伟　普靖生　李娟娟　陈学芳

　　　　　蒋亚光　王　博　张　勇

前　言

由国家住房和城乡建设部颁布的《建设工程工程量清单计价规范》(GB 50500—2008),已从 2008 年 12 月 1 日起实施。该标准的颁布实施,对巩固工程量清单计价改革的成果,以及进一步规范工程量清单计价行为都具有十分重要的意义。

为了实现我国工程造价事业与国际接轨,培养和造就一批高素质的工程造价人才队伍,我们结合最新国家标准编写了这本《风景园林工程概预算》。本教材内容共 8 章,主要内容包括风景园林工程概预算基础、风景园林工程施工图的识图、风景园林工程定额计价、风景园林工程设计概算、风景园林工程施工图预算、风景园林工程竣工结算与竣工决算、工程量清单计价概述、风景园林工程工程量清单计价编制与示例等。本教材可供高等院校园林、风景园林等相关专业"工程概预算"课程使用,也可供市政、园林工程建设单位的预决算编制人员或审核人员学习参考,还可作为造价员考试的参考用书。

由于编者的学识和水平有限,虽然在编写过程中经过反复推敲核实,仍不免有疏漏之处,敬请有关专家和广大读者提出宝贵意见。

编　者

2010 年 3 月

目　　录

第1章 风景园林工程概预算基础

1.1 风景园林工程概预算概述

1.1.1 风景园林工程概预算的概念

1.风景园林工程概预算的一般概念

(1)建设工程概预算

1)在开工之前,施工单位根据已批准的施工图纸和既定的施工方案,按照现行的工程预算定额或工程量清单计价规范计算各分部分项工程的工程量。

2)逐项套用或计算相应的单位价值,累计其全部直接费用。

3)根据各项费用取费标准进行计算。

4)计算出单位工程造价和技术经济指标。

5)根据分项工程的工程量分析出材料、苗木、人工和机械等用量。

(2)风景园林工程概预算

风景园林工程概预算包含两方面:

1)根据不同的建设阶段设计文件的具体内容和有关定额、指标及取费标准,对园林建设中的可能消耗进行研究、预先计算、评估等。

2)对上述研究结果进行编辑、确认而形成的相关技术经济文件。

(3)风景园林工程概预算学

风景园林工程概预算是研究如何根据相关因素,事先计算出园林建设所需投入等方法的专业学科,是园林建设经济学的重要组成部分。其主要内容包括以下几方面:

1)风景园林工程概预算的相关因素。影响风景园林工程概预算的因素非常复杂,其中包括工程特色、施工作业条件、技术力量条件、材料供应条件以及工期要求等。这些因素,对风景园林工程概预算的结果都有直接影响;还有相关法律法规,对风景园林工程概预算的具体方法、程序等也有相关的要求。

2)风景园林工程概预算的方法。由于目的不同,风景园林工程概预算的方法也不尽相同。我国现行的工程预算计价方法有"清单计价"和"定额计价"两种,主要对计算方法进行:工程量计算、施工消耗(使用)量(指标)计算、价格计算和费用计算等。

3)风景园林工程技术经济评价。主要是指对规划设计方案以及施工方案的评价等。

2.广义的风景园林工程概预算

风景园林建设投入就学术范围而言,应当包括自然资源,历史、文化、景观资源以及社会生产力资源的投入与利用。广义的风景园林工程概预算又称为"园林经济"。

3.综述

风景园林建设需要根据项目自身的特点,对拟建风景园林工程项目的各有关信息进行甄别、权衡处理,进而预先计算工程项目所需要的人工、材料和费用等技术经济参数,以达到风景园林建设的目的,保证投资效益。通过对项目的投入、产出效益进行权衡、对比,从而获得合理的工程投入量值或造价,这是风景园林工程概预算的核心目的。

(1)获得各种技术经济参数

1)风景园林工程项目建设所需要的人工(人员、数量、工种、工资)、材料(规格、数量、价格)和机械(种类、配套、台班、价格)等的用量是通过工程投入计算的。

2)风景园林工程项目建设所需要的相应费用是通过价格计算的。

(2)确定技术经济指标

1)人工确定。人工确定是指人员、数量、工种、工资等的消耗指标(劳动定额指标)的确定。

2)材料确定。材料确定是指材料规格、数量、价格等的消耗指标(材料定额)的确定。

3)机械确定。机械确定是指机械种类、配套、台班、价格等的消耗指标(机械台班定额)的确定。

4)各项费用及综合费用指标的确定。

(3)从经济角度进行效益预测

1)自然资源的投入与利用。

2)社会生产力资源的投入与利用。

3)历史、人文、景观资源的投入与利用。

4)园林施工企业、园林建设市场的经济预测以及园林建设单位和部门对园林产品的效益预测。

1.1.2　风景园林工程概预算的用途

(1)风景园林工程概预算是确定园林建设工程造价的重要方法和依据。

(2)风景园林工程概预算是进行园林建设项目方案比较、评价和选择的重要基础工作内容。

(3)风景园林工程概预算是设计单位对设计方案进行技术经济分析比较的依据。

(4)风景园林工程概预算是建设单位与施工单位进行工程招投标的依据,同时也是双方签订施工合同,办理工程竣工结算的依据。

(5)风景园林工程概预算是施工企业组织生产、编制计划、统计工作量以及实物量指标的依据。

(6)风景园林工程概预算是控制园林建设投资额、办理拨付园林建设工程款以及办理贷款的依据。

(7)风景园林工程概预算是园林施工企业考核工程成本、进行成本核算或计算投入产出效益的重要内容和依据。

(8)风景园林工程的概预算指标和费用分类是确定统计指标和会计科目的重要依据。

1.1.3　风景园林工程概预算的意义

风景园林工程不同于一般的工业、民用建筑等工程,它具有一定的艺术性,由于每项工程都各具特色,工艺要求也不尽相同,且项目零星,地点分散,工程量小,工作面大,形式各异,受气候条件的影响也较大,因此,必须根据设计文件的要求、园林产品的特点,对风景园林工程从经济上进行预算,而不可能用简单、统一的价格对园林产品进行精确的核算,只有这样才能获得合理的工程造价,保证工程质量。

1.风景园林工程概预算是园林建设程序的必要程序

园林建设工程项目作为基本建设项目中的一个类别,其实施必须遵循建设程序。编制风景园林工程概预算,是园林建设中的一个重要环节。风景园林工程概预算书,是园林建设中重要的技术经济文件。

(1)方案优选

风景园林工程概预算是园林建设工程规划设计、施工方案等的技术经济评价的基础。园林建设中,一般要经过多方案的比较、筛选,才能确定规划设计和施工方案(施工组织计划、施工技术操作方案)。通过预算来获得各个方案的技术经济参数,以此作为方案优选的重要内容。因此,编制风景园林工程概预算是园林建设管理中进行方案比较、评估和选择的基本工作内容。

(2)园林建设管理的依据

在园林建设的不同阶段,一般有估算、概算和预算等经济技术文件;在项目施工完成后又有结算;竣工后,还有决算,这就是所谓的"园林工程预决算",而估算、概算、预算以及后期养护管理预算等则通常被统称为"园林工程概预算"。风景园林工程概预算文件是工程文件的重要组成部分,一经审定、批准,就必须严格按照其执行。

2.企业经济管理

风景园林工程预算是企业进行成本核算、定额管理等的重要依据。园林预算的工作在企业参加市场经济运作,制定经济技术政策,参加投标(或接受委托),进行园林项目施工,制定项目生产计划、年度生产计划以及进行技术经济管理时都必须进行。

3.制定技术政策

技术政策是国家在一个时期内对某个领域技术发展和经济建设进行宏观管理的重要依据。首先通过风景园林工程概预算,事先估算出园林施工技术方案的经济效益,能对方案的采用、推广或限制、修改提供具体的技术经济参数,相关管理部门可以据此制定技术政策。

1.1.4　风景园林工程概预算的分类

1.设计概算

设计单位在初步设计阶段或扩大初步设计阶段时,根据初步设计图纸或扩大设计图纸,按照各类工程概算定额以及有关费用定额等资料进行编制的文件,称为设计概算。它是初步设计文件的重要组成部分。设计概算不仅是控制工程投资、进行建设投资包干和编制年度建设计划的依据,同时也是促使设计人员对所设计项目负责,并进行设计方案经济比较的依据,从而使其符合国家的经济技术指标,它还是实行财政监督的重要依据。

2.施工图预算

施工单位工程在开工之前,根据已批准的施工图纸,在既定的施工方案前提下,根据国家颁布的各类工程预算定额、单位估价表及各项费用的取费标准预先计算和确定工程造价的文件,称为施工图预算。

施工图预算的作用有以下两点:

(1)施工图预算是确定园林工程造价的依据;

(2)施工图预算是办理工程招标、投标、签订施工合同的主要依据;

(3)施工图预算是办理工程竣工结算的依据;

(4)施工图预算是拨付工程款或贷款的依据;

(5)施工图预算是施工企业考核工程成本的依据;

(6)施工图预算是设计单位对设计方案进行技术经济分析比较的依据;

(7)施工图预算是施工企业组织生产、编制计划、统计工作量及实物量指标的依据。

3.施工预算

施工预算是在施工图预算的控制下,结合施工组织设计中的平面布置、施工方法、技术组织措施以及现场施工条件等因素编制而成的。它是施工单位内部编制的一种预算。施工预算主要是计算施工用工数和各种材料的用量,以此来确定工料计划,下达生产任务书,指导生产。

施工预算的作用有以下几点:

(1)施工预算是施工企业编制施工计划的依据;

(2)施工预算是施工企业签发施工任务单和限额领料的依据;

(3)施工预算是施工企业开展定额经济管理以及实行按劳分配的依据;

(4)施工预算是合理调度管理劳动力、材料和机械等的依据;

(5)施工预算是施工企业开展经济活动分析及进行施工预算与施工图预算对比的依据;

(6)施工预算是施工企业控制成本的依据。

设计概算、施工图预算和施工预算既有共性,又有各自的特性,主要表现在编制依据的定额、取费标准和价格的基础水平和标准是基本一致的,但同时也是相互制约的,概算控制预算,预算又控制施工预算。三者都有其独立的功能,在工程建设的不同阶段发挥着各自的作用。

1.2　风景园林工程概预算编制的依据、内容和步骤

1.2.1　风景园林工程概预算的编制依据

影响风景园林工程概预算的因素非常复杂,有些因素对风景园林工程概预算编制有

着直接、决定性的影响,这些是风景园林工程概预算编制的主要依据;而有些因素虽然对风景园林工程概预算的影响是间接的,但也很重要。

由于风景园林建设项目的目的不同,则编制风景园林工程概预算的主要依据也不尽相同,一般情况下,编制风景园林工程概预算的依据主要包括园林建设项目的基本文件,工程建设的政策、法规和规范资料,建设地区有关情况调查资料,类似施工项目的经验资料、施工企业(或可调动)的施工力量等。在编制概预算时应当根据具体需要,分清主次和参考,以便权衡应用。

在编制概预算时,主要依据下列相关资料和有关规定:

1)经过会审批准的施工图纸、标准图以及通用图等有关资料。这些资料规定了工程的具体内容、技术特性、结构尺寸、数量、规格,是计算工程量以及进行预算的主要依据。

2)施工组织设计。施工组织设计是确定单位工程施工方法、施工主要技术措施以及现场平面布置的技术文件,经批准的施工组织设计也是编制工程预算不可缺少的依据。

3)风景园林工程预算定额、地区材料预算价格以及有关材料调价的规定、施工机械台班单价和人工工资标准,这些资料都是计价的主要依据。

4)风景园林工程费用定额以及其他有关费用取费定额。工程管理费和其他费用,由于地区和施工企业的不同,其各自的取费标准也不尽相同,所以各省、市地区、企业都有各自的取费定额。

5)预算工作手册。预算工作手册中包括各种单位的换算比例,各种混合材料的配合比,金属材料的比重,各种形体的面积与体积公式,以及五金手册、材料手册、木材材积表等资料。熟悉这些资料有助于加快工程量计算的速度,提高工作效率和准确度。

6)国家及地区颁发的有关文件。国家及地区各有关主管部门制定并颁发的有关编制工程预算的各种文件和规定,例如新增某种取费项目的文件、人工与材料的调价等,都是编制工程预算时必须遵照执行的依据。

7)建设单位和施工单位签订的合同或协议。合同或协议中双方约定的标准也可成为编制工程预算的依据。

1.2.2　风景园林工程概预算的编制内容

1.采用"定额计价"法编制工程概预算的内容

(1)编制说明书。其内容一般包括:

1)工程概况;

2)编制依据;

3)编制方法;

4)技术经济指标分析;

5)相关问题说明。

(2)工程概(预)算书。其内容一般包括:

1)单项(单位)工程概(预)算书(建设、安装工程);

2)其他工程和费用概(预)算书;

3)综合概(预)算书;

4)总概(预)算书。

2.采用"清单计价"法编制工程概预算的内容

采用"清单计价"法编制工程概预算,工程量清单由招标人或者委托有工程造价咨询资质的单位编制。

(1)由招标人编制的工程量清单。其内容一般包括:

1)工程量清单总说明(项目工程概况、现场条件、编制工程量清单的依据以及有关资料、对施工工艺材料的特殊要求等);

2)分步分项工程量清单;

3)措施项目清单;

4)零星项目清单;

5)其他项目清单;

6)主要材料价格表。

(2)由投标人编制的工程量清单计价表。其内容一般包括:

1)投标总价;

2)工程项目总价表(总包工程);

3)单项工程费汇总表;

4)分项工程量清单计价表、分部分项工程量清单;

5)分部分项工程量清单综合单价分析表;

6)措施项目清单计价表;

7)零星工作项目计价表;

8)其他项目清单计价表;

9)主要材料价格表。

1.2.3 风景园林工程概预算的编制步骤

1.熟悉工程施工图

(1)清点工程施工图,并收集索引的通用标准图集。

(2)仔细阅读施工图,特别要注意各部位所使用的材料、构造做法以及具体尺寸。

(3)对施工图中有失误之处,应当记录下来,不可擅自修改,留在图纸会审会议上再进行解决。

2.划分工程的分部、分项子目

(1)根据工程施工图上所示的施工内容,参照风景园林工程预算定额,确定某个施工内容属于哪个分部工程以及哪个分项子目。

(2)根据施工内容的名称、工作内容、所用材料以及构造做法等施工条件,确定分项子目。

3.计算各分项子目的工程量

(1)根据工程量计算规则,逐个计算已经确定的分项子目的工程量。

(2)将算式及计算结果填入工程量计算表内。

另外,还需注意以下几点:

(1)工程量计算结果的计量单位必须与定额表右上角处所示的计量单位一致。

(2)工程量计算程序应与分部工程程序以及分项子目编号程序相符,不可挑一个算一个。

(3)注意工程量结果的有效数字,通常取小数点后两位即可。

4.计算工程直接费

(1)根据分项子目的名称及编号,在相应的定额表上,查取其人工费单价、材料费单价以及机械费单价。

(2)按照分项子目工程量分别乘以人工费单价、材料费单价以及机械费单价,计算出该分项子目的人工费、材料费以及机械费。

另外,还需注意以下几点:

(1)某些分项子目的材料费单价中不包含主要材料的单价,必须将《地区建筑材料预算价格》中所示该材料的单价加到材料费单价中去,方可进行计算材料费。

(2)把该分项子目的人工费、材料费以及机械费相加即可得到合计数,把各个分项子目的合计数相加就可得到直接费。

(3)直接费演算各项数据,必须正确地填写在工程直接费的计算表内。

(4)合计数以及直接费的计量单位为元,角分值要四舍五入。

5.计算管理费及工程造价

(1)参照各地区的工程费用定额,查取间接费费率、利润率、税率以及其他费率等,按照规定算式,计算出间接费、利润、税金以及其他费用。

(2)把直接费与上述管理费用相加即可得到工程造价。

另外,还需注意以下两点:

(1)管理费用及工程造价的演算,应当连同直接费一起填写在工程造价的计算表内。

(2)管理费用及工程造价的计量单位为元。

6.计算主要材料用量

(1)按照分项子目的名称及编号,在相应的定额表中,查取其所用的主要材料的名称以及数量。

(2)用分项子目工程量乘以材料定额数量,即可得到该分项子目所用主要材料的数量。

(3)把相同的材料汇总,即可得到该工程所用各种主要材料的数量。

一般当工程量较小时,不计算主要材料用量。

7.预算书审核

预算书编制完成后,应装订成册。

(1)在施工单位内部自审,改正错误之处。

(2)送到建设单位审核。

预算书审核通过后,其可作为工程施工合同文件之一,并作为合同价款的付款依据。工程竣工后,该预算书还可作为编制决算的主要基础资料。

第2章　风景园林工程施工图的识图

2.1　风景园林工程常用识图图例

2.1.1　绿化工程常用识图图例

进行风景园林工程概预算的基础是正确地识图。

1.园林绿地规划设计图例

园林绿地规划设计图例见表2.1。

表2.1　园林绿地规划设计图例

序号	名　　称	图　　例	说　　明
建　　筑			
1	规划的建筑物		用粗实线表示
2	原有的建筑物		用细实线表示
3	规划扩建的预留地或建筑物		用中虚线表示
4	拆除的建筑物		用细实线加注叉号表示
5	地下建筑物		用粗虚线表示
6	坡屋顶建筑		包括瓦顶、石片顶、饰面砖顶等
7	草顶建筑或简易建筑		—
8	温室建筑		—
水　　体			
9	自然形水体		—
10	规则形水体		—

续表 2.1

序号	名　称	图　例	说　明
水　体			
11	跌水、瀑布	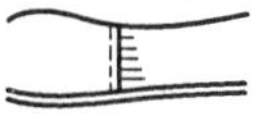	—
12	旱涧		—
13	溪涧		—
工程设施			
14	护坡	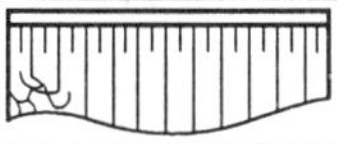	—
15	挡土墙	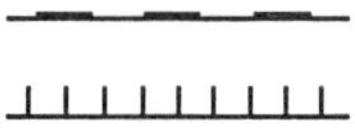	突出的一侧表示被挡土的一方
16	排水明沟	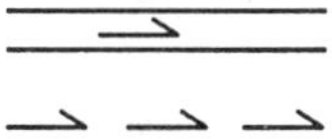	上图用于比例较大的图面 下图用于比例较小的图面
17	有盖的排水沟	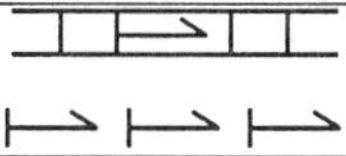	上图用于比例较大的图面 下图用于比例较小的图面
18	雨水井		—
19	消火栓井		—
20	喷灌点		—
21	道路	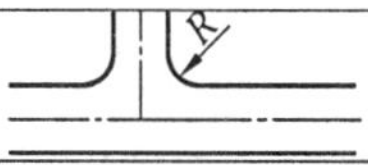	—
22	铺装路面	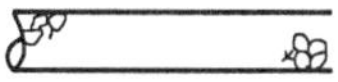	—
23	台阶	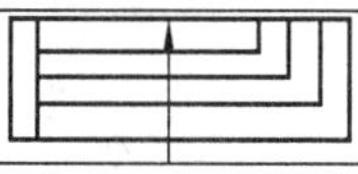	箭头指向表示向上
24	铺砌场地	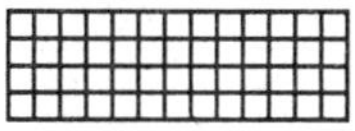	也可依据设计形态表示
25	车行桥	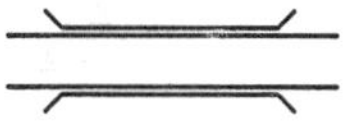	也可依据设计形态表示
26	人行桥	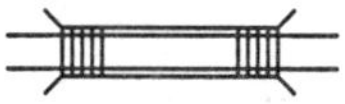	
27	亭桥	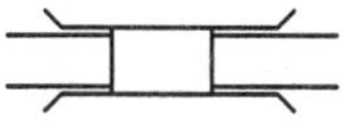	—
28	铁索桥		—

续表 2.1

序号	名　　称	图　　例	说　　明
		工程设施	
29	汀步	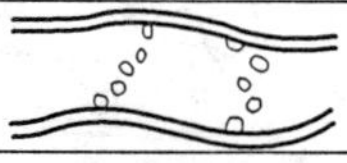	—
30	涵洞	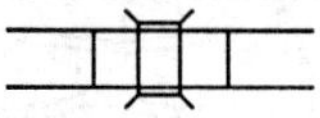	—
31	水闸	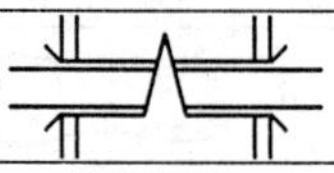	—
32	码头	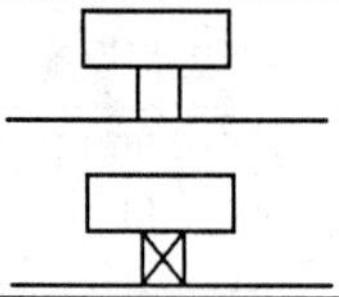	上图为固定码头 下图为浮动码头
33	驳岸	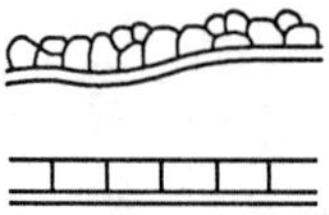	上图为假山石自然式驳岸 下图为整形砌筑规划式驳岸

2.城市绿地系统规划图例

城市绿地系统规划图例见表2.2。

表 2.2　城市绿地系统规划图例

序号	名　　称	图　　例	说　　明
		工程设施	
1	电视差转台		—
2	发电站		—
3	变电所		—
4	给水厂		—
5	污水处理厂		—
6	垃圾处理站		—
7	公路、汽车游览路	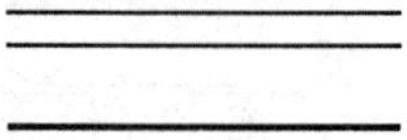	上图以双线表示,用中实线 下图以单线表示,用粗实线
8	小路、步行游览路		上图以双线表示,用细实线 下图以单线表示,用中实线

续表 2.2

序号	名　称	图　例	说　明
9	山地步游小路	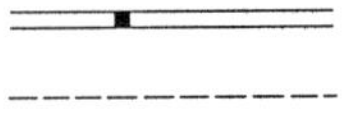	上图以双线加台阶表示,用细实线;下图以单线表示,用虚线
10	隧道	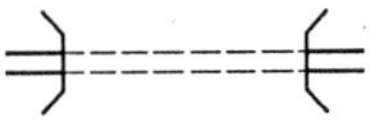	—
11	架空索道线		—
12	斜坡缆车线		—
13	高架轻轨线	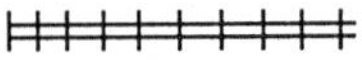	—
14	水上游览线		细虚线
15	架空电力电讯线	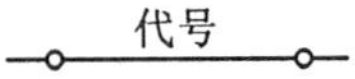 代号	粗实线中插入管线代号,管线代号按现行国家有关标准的规定标注
16	管线	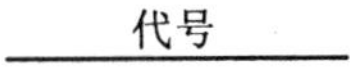 代号	—
用地类型			
17	村镇建设地	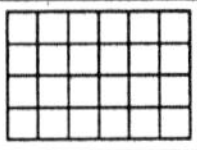	—
18	风景游览地	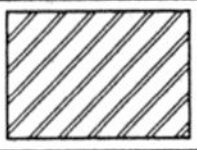	图中斜线与水平线成 45°角
19	旅游度假地	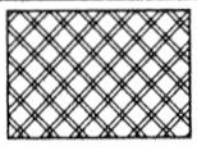	—
20	服务设施地	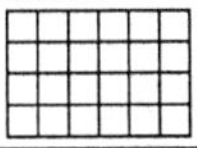	—
21	市政设施地	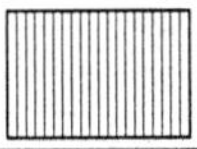	—
22	农业用地	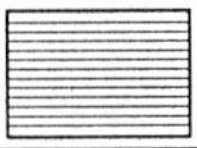	—
23	游憩、观赏绿地	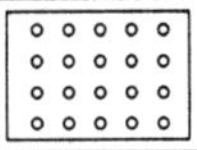	—
24	防护绿地	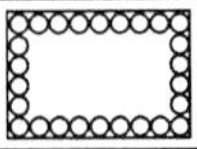	—
25	文物保护地	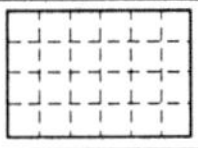	包括地面和地下两大类,地下文物保护地外框用粗虚线表示

续表2.2

序号	名　　称	图　　例	说　　明
26	苗圃花圃用地		—
27	特殊用地		—
28	针叶林地		需区分天然林地、人工林地时,可用细线界框表示天然林地,粗线界框表示人工林地
29	阔叶林地		
30	针阔混交林地		—
31	灌木林地		—
32	竹林地		—
33	经济林地		—
34	草原、草甸		—

3.种植工程常用图例

种植工程常用图例见表2.3、表2.4和表2.5。

表2.3　植物

序号	名　　称	图　　例	说　　明
1	落叶阔叶乔木		落叶乔、灌木均不填斜线;常绿乔、灌木加画45°细斜线 阔叶树的外围线用弧裂形或圆形线;针叶树的外围线用锯齿形或斜刺形线 乔木外形成圆形;灌木外形成不规则形 乔木图例中粗线小圆表示现有乔木,细线小十字表示设计乔木;灌木图例中黑点表示种植位置 凡大片树林可省略图例中的小圆、小十字及黑点
2	常绿阔叶乔木		
3	落叶针叶乔木		
4	常绿针叶乔木		
5	落叶灌木		
6	常绿灌木		

续表 2.3

序号	名　称	图　例	说　明
7	阔叶乔木疏林		—
8	针叶乔木疏林		常绿林或落叶林根据图画表现的需要加或不加 45°细斜线
9	阔叶乔木密林		—
10	针叶乔木密林		—
11	落叶灌木疏林		—
12	落叶花灌木疏林		—
13	常绿灌木密林		—
14	常绿花灌木密林		—
15	自然形绿篱		—
16	整形绿篱		—
17	镶边植物		—
18	1～2 年生草木花卉		—
19	多年生及宿根草木花卉		—

续表2.3

序号	名　　称	图　　例	说　　明
20	一般草皮		—
21	缀花草皮		—
22	整形树木		—
23	竹丛		—
24	棕榈植物		—
25	仙人掌植物		—
26	藤本植物		—
27	水生植物		—

表2.4　枝干形态

序号	名　　称	图　　例	说　　明
1	主轴干侧分枝形		—
2	主轴干无分枝形		—

续表 2.4

序号	名　　称	图　　例	说　　明
3	无主轴干多枝形		—
4	无主轴干垂枝形		—
5	无主轴干丛生形		—
6	无主轴干匍匐形		—

表 2.5　树冠形态

序号	名　　称	图　　例	说　　明
1	圆锥形		树冠轮廓线,凡针叶树用锯齿形;凡阔叶树用弧裂形表示
2	椭圆形		—
3	圆球形		—
4	垂枝形		—
5	伞形		—
6	匍匐形		—

4.绿地喷灌工程图例

绿地喷灌工程图例见表 2.6。

表 2.6　绿地喷灌工程图例

序号	名　　称	图　　例	说　　明
1	永久螺栓		
2	高强螺栓		(1)细"+"线表示定位线。
3	安装螺检		(2)M 表示螺栓型号。 (3)ϕ 表示螺栓孔直径。
4	胀锚螺栓		(4)d 表示膨胀螺栓、电焊铆钉直径。
5	圆形螺栓孔		(5)采用引出线标注螺栓时,横线上标注螺栓规格,横线下标注螺栓孔直径。
6	长圆形螺栓孔		(6)b 表示长圆形螺栓孔的宽度
7	电焊铆钉		
8	偏心异径管		—
9	异径管		—
10	乙字管		—
11	喇叭口		—
12	转动接头		—
13	短管		—

续表 2.6

序号	名　称	图　例	说　明
14	存水弯		—
15	弯头		—
16	正三通		—
17	斜三通		—
18	正四通		—
19	斜四通		—
20	浴盆排水件		—
21	闸阀		—
22	角阀		—
23	三通阀		—
24	四通阀		—
25	截止阀		—
26	电动阀		—

续表 2.6

序号	名　称	图　例	说　明
27	液动阀		—
28	气动阀		—
29	减压阀		左侧为高压端
30	旋塞阀	平面　　　系统	—
31	底阀		—
32	球阀		—
33	隔膜阀		—
34	气开隔膜阀		—
35	气闭隔膜阀		—
36	温度调节阀		—
37	压力调节阀		—
38	电磁阀		—
39	止回阀		—
40	消声止回阀		—
41	蝶阀		—
42	弹簧安全阀		左侧为通用
43	平衡锤安全阀		—

续表 2.6

序号	名　　称	图　　例	说　　明
44	自动排气阀	平面　　系统	—
45	浮球阀	平面　　系统	—
46	延时自闭冲洗阀		—
47	吸水喇叭口	平面　　系统	—
48	疏水器		—
49	法兰连接		—
50	承插连接		—
51	活接头		—
52	管堵		—
53	法兰堵盖		—
54	弯折管		表示管道向后及向下弯转 90°
55	三通连接		—
56	四通连接		—

续表 2.6

序号	名　称	图　例	说　明
57	盲板		—
58	管道丁字上接		—
59	管道丁字下接		—
60	管道交叉		在下方和后面的管道应断开
61	温度计		
62	压力表		—
63	自动记录压力表		—
64	压力控制器		—
65	水表		—
66	自动记录流量计		—
67	转子流量计		—
68	真空表		—
69	温度传感器		—

续表 2.6

序号	名　　称	图　　例	说　　明
70	压力传感器	— — —〔P〕— — —	—
71	pH 值传感器	— — —〔pH〕— —	—
72	酸传感器	— — —〔H〕— —	—
73	碱传感器	— — —〔Na〕— —	—
74	氯传感器	— — —〔Cl〕— —	—

2.1.2　园路、园桥、假山工程常用识图图例

1.园路及地面工程图例

园路及地面工程图例见表 2.7。

表 2.7　园路及地面工程图例

序号	名　　称	图　　例	说　　明
1	道路		—
2	铺装路面		—
3	台阶		箭头指向表示向上
4	铺砌场地		也可依据设计形态表示

2.步桥工程图例

步桥工程图例见表 2.8。

表 2.8　步桥工程图例

序号	名　　称	截　　面	标　　注	说　　明
1	等边角钢		$\llcorner_{b \times t}$	b 为肢宽 t 为肢厚
2	不等边角钢		$\llcorner_{B \times b \times t}$	B 为长肢宽 b 为短肢宽 t 为肢厚

续表 2.8

序号	名　称	截　面	标　注	说　明
3	工字钢			轻型工字钢加注 Q 字 B 为工字钢的型号
4	槽钢			轻型槽钢加注 Q 字 N 为槽钢的型号
5	方钢		$\square\, b$	—
6	扁钢		$— b \times t$	—
7	钢板		$\dfrac{-b \times t}{t}$	宽×厚 板长
8	圆钢		ϕd	—
9	钢管		$DN \times \times$ $d \times t$	内径 外径×壁厚
10	薄壁方钢管		$B \square\, b \times t$	
11	薄壁等肢角钢		$B\, b \times t$	
12	薄壁等肢卷边角钢		$B\, b \times a \times t$	
13	薄壁槽钢		$B\, h \times b \times t$	薄壁型钢加注 B 字 t 为壁厚
14	薄壁卷边槽钢		$B\, h \times b \times a \times t$	
15	薄壁卷边 Z 型钢		$B\, h \times b \times a \times t$	
16	T 型钢		$TW \times \times$ $TM \times \times$ $TN \times \times$	TW 为宽翼缘 T 型钢 TM 为中翼缘 T 型钢 TN 为窄翼缘 T 型钢
17	H 型钢		$HW \times \times$ $HM \times \times$ $HN \times \times$	HW 为宽翼缘 H 型钢 HM 为中翼缘 H 型钢 HN 为窄翼缘 H 型钢

3.驳岸挡土墙工程图例

驳岸挡土墙工程图例见表 2.9。

表 2.9　驳岸挡土墙工程图例

序号	名　称	图　例
1	护坡	
2	挡土墙	
3	驳岸	
4	台阶	
5	排水明沟	
6	有盖的排水沟	
7	天然石材	
8	毛石	
9	普通砖	
10	耐火砖	
11	空心砖	
12	饰面砖	
13	混凝土	
14	钢筋混凝土	
15	焦砟、矿渣	
16	金属	
17	松散材料	
18	木材	
19	胶合板	

续表 2.9

序号	名　　称	图　　例
20	石膏板	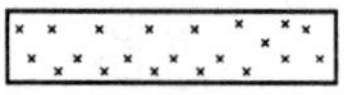
21	多孔材料	
22	玻璃	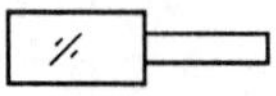
23	纤维材料或人造板	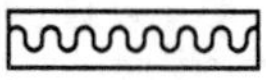

2.1.3　风景园林景观工程常用识图图例

1.水池、花架及小品工程图例

水池、花架及小品工程图例见表 2.10。

表 2.10　水池、花架及小品工程图例

序号	名　　称	图　　例	说　　明
1	雕塑	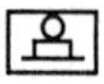	仅表示位置,不表示具体形态,以下同,也可依据设计形态表示
2	花台	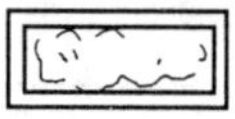	
3	坐凳		
4	花架	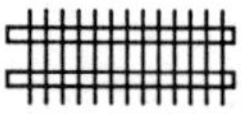	
5	围墙	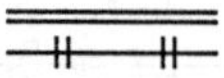	上图为实砌或漏空围墙 下图为栅栏或篱笆围墙
6	栏杆	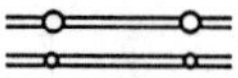	上图为非金属栏杆 下图为金属栏杆
7	园灯		—
8	饮水台		—
9	指示牌		—

2.喷泉工程图例

喷泉工程图例见表 2.11。

表 2.11　喷泉工程图例

序号	名　称	图　例	说　明
1	喷泉		仅表示位置,不表示具体形态
2	阀门(通用)、截止阀		(1)没有说明时,表示螺纹连接 法兰连接时
3	闸阀		焊接时 (2)轴测图画法 阀杆为垂直
4	手动调节阀		阀杆为水平
5	球阀、转心阀		—
6	蝶阀		—
7	角阀	或	—
8	平衡阀		—
9	三通阀	或	—
10	四通阀		—
11	节流阀		—
12	膨胀阀	或	也称"隔膜阀"
13	旋塞		—
14	快放阀		也称"快速排污阀"
15	止回阀		左、中为通用画法,流法均由空白三角形至非空白三角形;中也代表升降式止回阀;右代表旋启式止回阀

续表 2.11

序号	名　称	图　例	说　明
16	减压阀	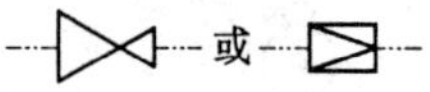 —▷◁— 或 —▷—	左图小三角为高压端,右图右侧为高压端,其余同阀门类推
17	安全阀		左图为通用,中为弹簧安全阀,右为重锤安全阀
18	疏水阀	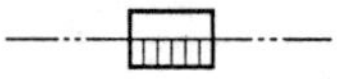	在不致引起误解时,也可用  —⬤— 表示,也称"疏水器"
19	浮球阀	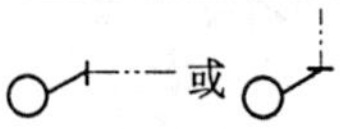 ○—⊢— 或 ○⊣	—
20	集气罐、排气装置	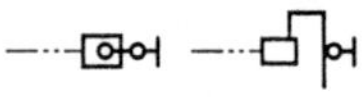	左图为平面图
21	自动排气阀		—
22	除污器(过滤器)		左为立式除污器,中为卧式除污器,右为Y型过滤器
23	节流孔板、减压孔板	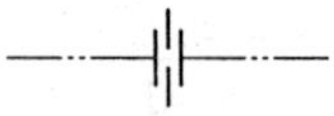	在不致引起误解时,也可用 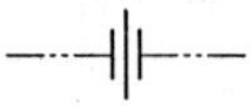 —‖— 表示
24	补偿器(通用)		也称"伸缩器"
25	矩形补偿器	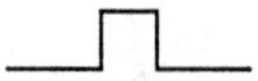	—
26	套管补偿器		—
27	波纹管补偿器	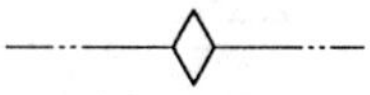	—
28	弧形补偿器		—
29	球形补偿器	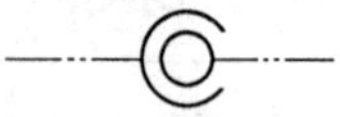	—
30	变径管异径管		左图为同心异径管,右图为偏心异径管
31	活接头	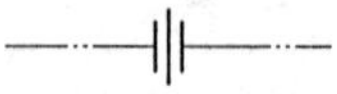	—
32	法兰	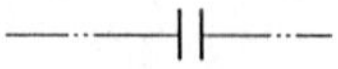	—
33	法兰盖		—

续表 2.11

序号	名　称	图　例	说　明
34	丝堵	——·——◁	也可表示为 ——·——┤
35	可曲挠橡胶软接头	——○——	—
36	金属软管	——〜——	也可表示为 ——〜——
37	绝热管	——〜〜——	—
38	保护套管	——▭——	—
39	伴热管	———————	—
40	固定支架	＊　✕╫✕	—
41	介质流向	⟶ 或 ⟹	在管道断开处时,流向符号宜标注在管道中心线上,其余可同管径标注位置
42	坡度及坡向	$i = 0.003$ 或 ⟶$i = 0.003$	坡度数值不宜与管道起、止点标高同时标注。标注位置同管径标注位置
43	套管伸缩器	——▭——	—
44	方形伸缩器	┤▭├	—
45	刚性防水套管	╪	—
46	柔性防水套管	╪	—
47	波纹管	——◇——	—
48	可曲挠橡胶接头	——│○│——	—
49	管道固定支架	——✳——✳——	—
50	管道滑动支架	——▬——	—
51	立管检查口	┤├	—

续表 2.11

序号	名　称	图　例	说　明
52	水泵	平面　系统	—
53	潜水泵		—
54	定量泵		—
55	管道泵		—
56	清扫口	平面　　系统	—
57	通气帽	成品　　铅丝球	—
58	雨水斗	YD-　YD- 平面　系统	—
59	排水漏斗	平面　　系统	—
60	圆形地漏		通用。如为无水封,地漏应加存水弯
61	方形地漏		—
62	自动冲洗水箱		—
63	挡墩		—
64	减压孔板		—
65	除垢器		—
66	水锤消除器		—
67	浮球液位器		—
68	搅拌器		—

2.2　风景园林工程施工图的识读

2.2.1　风景园林施工总平面图的识读

风景园林施工总平面图反映的情况主要包括风景园林工程的形状、所在位置、朝向以及拟建建筑周围道路、地形、绿化等，还包括该工程与周围环境的关系和相对位置等。

1. 主要内容

(1)指北针(或风玫瑰图)，绘图比例(比例尺)，文字说明，景点、建筑物或构筑物的名称标注，图例表等。

(2)道路、铺装的位置、尺度，主要点的坐标、标高以及定位尺寸。

(3)小品的定位、定形尺寸以及小品主要控制点坐标。

(4)地形、水体的控制尺寸以及主要控制点坐标、标高。

(5)植物种植区域轮廓。

(6)对于无法用标注尺寸准确定位的自由曲线园路、广场、水体等，应当给出该部分的局部放线详图，用放线网表示，并标注控制点坐标。

2. 绘制要求

(1)布局与比例。绘制图纸应按上北下南的方向，根据场地形状或布局，可向左或向右偏转，但不宜超过 45°。绘制施工总平面图一般采用 1:500、1:1 000 和 1:2 000 的比例。

(2)图例。《总图制图标准》(GB/T 50103—2001)中对建筑物、构筑物、道路、铁路以及植物等的图例均有说明，具体内容参见相应的制图标准。当由于某些原因必须另行设定图例时，应该在总图上绘制专门的图例表进行说明。

(3)图线。在绘制总图时应当根据具体内容采用不同的图线。

(4)单位。施工总平面图中的坐标、标高和距离宜以"m"为单位，并应至少取至小数点后两位，不足时以"0"补齐。详图宜以"mm"为单位，如果不以 mm 为单位，则应另加说明。建筑物、构筑物、铁路、道路方位角(或方向角)以及铁路、道路转向角的度数，宜注写到"s"，如果有特殊情况，则应另加说明。道路纵坡度、场地平整坡度和排水沟沟底纵坡度宜以百分计，并应取至小数点后一位，不足时以"0"补齐。

(5)坐标网络。坐标分为测量坐标和施工坐标两种。测量坐标为绝对坐标，测量坐标网应画成交叉十字线，坐标代号宜用"X、Y"表示。施工坐标为相对坐标，相对零点一般宜选用已有建筑物的交叉点或道路的交叉点，并且施工坐标用大写英文字母 A、B 表示，以区别于绝对坐标。

施工坐标网格应以细实线绘制，一般画成 100 m × 100 m 或 50 m × 50 m 的方格网，当然也可以根据需要进行调整。

(6)坐标标注。坐标宜直接标注在图上，如果图面没有足够位置，也可列表标注，如果坐标数字的位数过多，则可将前面相同的位数省略，其省略位数应在附注中加以说明。

建筑物、构筑物、铁路和道路等应标注坐标的部位有建筑物、构筑物的定位轴线(或外墙线)或其交点,圆形建筑物、构筑物的中心以及挡土墙墙顶外边缘线或转折点。若表示建筑物、构筑物位置的坐标,宜注其三个角的坐标,若建筑物、构筑物与坐标轴线平行,则可注对角坐标。当平面图上有测量和施工两种坐标系统时,应在附注中注明这两种坐标系统的换算公式。

(7)标高标注。一般来说,施工图中标注的标高应为绝对标高,如果标注相对标高,则应注明相对标高与绝对标高的关系。

建筑物、构筑物、铁路和道路等标高的标注应符合下列规定:建筑物室内地坪,标注图中 ±0.000 处的标高,对不同高度的地坪,应分别标注其标高;建筑物室外散水,应标注建筑物四周转角或两对角的散水坡脚处的标高;构筑物,应标注其有代表性的标高,并用文字注明标高所指的位置;道路,应标注路面中心交点及变坡点的标高;挡土墙,应标注墙顶和墙脚标高,路堤、边坡标注坡顶和坡脚的标高,排水沟,应标注沟顶和沟底的标高;场地平整,应标注其控制位置标高;铺砌场地,应标注其铺砌面标高。

3.识读

(1)看图名、比例、设计说明、风玫瑰图、指北针。根据图名、比例、设计说明、风玫瑰图和指北针,可了解施工总平面图设计的意图和范围、工程性质、工程的面积和朝向等基本情况,为进一步了解图纸做好准备。

(2)看等高线和水位线。根据等高线和水位线,可了解园林的地形和水体布置情况,从而对全园的地形骨架有一个基本的印象。

(3)看图例和文字说明。根据图例和文字说明,可明确新建景物的平面位置,了解总体布局的情况。

(4)看坐标或尺寸。根据坐标或尺寸,可查找施工放线的依据。

2.2.2　风景园林施工放线图的识读

1.主要内容

风景园林工程施工放线图的内容主要包括以下几点:

(1)道路、广场铺装以及园林建筑小品放线网格(间距 1 m、5 m 或 10 m 不等)。

(2)坐标原点、坐标轴和主要点的相对坐标。

(3)标高(等高线、铺装等)。

2.作用

风景园林工程施工放线图的作用主要有以下几点:

(1)现场施工放线。

(2)确定施工标高。

(3)测算工程量。

(4)计算施工图预算。

3.注意事项

(1)坐标原点应选择固定的建筑物、构筑物角点、道路交点或者水准点等。

(2)网格的间距应根据实际面积的大小及其图形的复杂程度,在对平面尺寸进行标注的同时,还要对立面高程进行标注(高程、标高)。另外,还要写清楚各个小品或铺装所对应的详图标号,对于面积较大的区域应给出索引图(对应分区形式)。

2.2.3　竖向设计施工图的识读

竖向设计是指在一块场地中进行垂直于水平方向的布置及处理。

1.主要内容

风景园林工程竖向设计施工图的内容一般包括以下几点:

(1)指北针、图例、比例、图名和文字说明。文字说明中应当包括标注单位、绘图比例、高程系统的名称和补充图例等。

(2)现状与原地形标高,地形等高线。设计等高线的等高距时,一般应取 0.25 ~ 0.5 m,当地形较为复杂时,还需要绘制地形等高线放样网格。

(3)最高点或某些特殊点的坐标及该点的标高。例如道路的起点、变坡点、转折点和终点等的设计标高(道路在路面中、阴沟在沟顶和沟底)、纵坡度、纵坡距、纵坡向、平曲线要素、竖曲线半径、关键点的坐标;建筑物、构筑物室内外的设计标高;挡土墙、护坡或土坡等构筑物的坡顶和坡脚的设计标高;水体驳岸、岸顶、岸底标高,池底标高,水面最低、最高以及常水位。

(4)地形的汇水线和分水线,或用坡向箭头标明设计地面坡向,指明地表排水的方向以及排水的坡度等。

(5)绘制重点地区、坡度变化复杂的地段的地形断面图,并标注标高和比例尺等。

竖向设计施工平面图在工程比较简单时,可与施工放线图合并。

2.具体要求

(1)计量单位。标高的标注单位通常为"m",如果有特殊要求,则应在设计说明中注明。

(2)线型。地形等高线是竖向设计图中比较重要的部分,设计等高线用细实线绘制,原有地形等高线用细虚线绘制,汇水线和分水线则用细单点长画线绘制。

(3)坐标网格及其标注。坐标网格用细实线绘制,施工的需要以及图形的复杂程度决定着网格间距,一般采用与施工放线图相同的坐标网体系。对于局部的不规则等高线,可以单独作出施工放线图,也可以在竖向设计图纸中局部缩小网格间距,提高放线精度。竖向设计图的标注方法与施工放线图相同,针对地形中最高点、建筑物角点或特殊点进行标注。

(4)地表排水方向和排水坡度。排水方向应用箭头表示,并应在箭头上标注排水坡度。

3.识读

(1)看图名、比例、指北针、文字说明。根据图名、比例、指北针、文字说明,了解工程名称、设计内容、工程所处方位和设计范围。

(2)看等高线及其高程标注。根据等高线的分布情况及其高程标注,了解新设计地形的特点和原地形的标高,了解地形高低变化及土方工程情况,还可以结合景观总体规划设计,分析竖向设计的合理性。并且根据新、旧地形高程变化,还能了解地形改造施工的基本要求和做法。

(3)看建筑、山石和道路标高情况。

(4)看排水方向。

(5)看坐标。根据坐标,确定施工放线依据。

2.2.4 园路、广场施工图的识读

园路、广场施工图能够清楚地反映园林路网和广场布局,它是指导园林道路施工的技术性图纸。

1.主要内容

一份完整的园路、广场施工图纸的内容主要包括以下几点:

(1)图案、尺寸、材料、规格和拼接方式。

(2)铺装剖切段面。

(3)铺装材料特殊说明。

2.作用

园路、广场施工图的作用主要有以下几点:

(1)购买材料。

(2)确定施工工艺、工期以及工程施工进度。

(3)计算工程量。

(4)确定如何绘制施工图。

(5)了解本设计所使用的材料、尺寸、规格、工艺技术以及特殊要求等。

2.2.5 植物配置图的识读

1.主要内容与作用

(1)主要内容。植物种类、规格、配置形式以及其他特殊要求。

(2)作用。可以作为苗木购买、苗木栽植以及工程量计算等的依据。

2.具体要求

(1)现状植物的表示。

(2)图例及尺寸标注。

1)行列式栽植。行列式的种植形式(如行道树、树阵等)可用尺寸标注出株行距、始末树种植点与参照物的距离。

2)自然式栽植。自然式的种植形式(如孤植树)可用坐标标注种植点的位置或用三角形标注法进行标注。孤植树往往对植物的造型及规格的要求比较严格,应在施工图中表达清楚,除利用立面图、剖面图表示之外,还可与苗木统计表相结合,用文字加以标注。

3)片植、丛植。植物配植图应绘出清晰的种植范围边界线,标明植物名称、规格和密度等。边缘线呈规则的几何形状的片状种植可用尺寸标注方法标注,以便为施工放线提供依据;而边缘线呈不规则的自由线的片状种植应绘坐标网格,并结合文字标注。

4)草皮种植。草皮是用打点的方法表示,应标明其草坪名、规格及种植面积进行标注。

(3)注意事项。

1)植物的规格在图中为冠幅,根据说明确定。

2)借助网格定出种植点的位置。

3)图中应写清植物的数量。

4)对于景观要求细致的种植局部,施工图应当有表达植物高低关系、植物造型形式的立面图、剖面图和参考图或通过文字说明与标注。

5)对于种植层次较为复杂的区域,应当绘制分层种植图,即分别绘制上层乔木和中下层灌木地被等的种植施工图。

3.识读

(1)看标题栏、比例、指北针(或风玫瑰图)及设计说明。根据标题栏、比例、指北针(或风玫瑰图)及设计说明,了解工程名称、性质、所处方位(及主导风向),明确工程的目的、设计意图和范围,了解绿化施工后应达到的效果。

(2)看植物图例、编号、苗木统计表及文字说明。根据图纸中各植物的编号,再对照苗木统计表及技术说明,了解植物的种类、名称、规格、数量等,核对或编制种植工程预算。

(3)看图纸中植物种植位置及配置方式。根据植物的种植位置及配置方式,分析种植设计方案是否合理。了解植物种植位置与建筑物及构筑物和市政管线之间的距离是否符合有关设计规范的规定等技术要求。

(4)看植物的种植规格和定位尺寸。根据植物的种植规格和定位尺寸,明确定点放线的基准。

(5)看植物种植详图。根据植物种植详图,明确具体种植要求,合理组织种植施工。

2.2.6　水池施工图的识读

水池施工图是指导水池施工的技术性文件,作水池施工图通常是为了清楚地反映水池的设计,便于指导施工。通常一幅完整的水池施工图包括以下几部分:

(1)平面图。

(2)剖面图。

(3)各单项土建工程详图。

2.2.7　假山施工图的识读

假山施工图是指导假山施工的技术性文件,作假山施工图通常是为了清楚地反映假山的设计,便于指导施工。通常一幅完整的假山施工图包括以下几部分:

(1)平面图。

(2)剖面图。

(3)立面图或透视图。

(4)做法说明。

(5)预算。

2.2.8　喷灌、给排水施工图的识读

喷灌、给排水施工图的主要内容包括以下几部分：

(1)给水、排水管的布设、管径和材料等。

(2)喷头、检查井、阀门井、排水井和泵房等。

(3)与供电设施相结合。

2.2.9　照明电气施工图的识读

1.主要内容

(1)灯具形式、类型、规格和布置位置。

(2)配电图(电缆电线型号规格,连接方式;配电箱数量、形式规格等)。

2.作用

(1)配电,选取、购买材料等。

(2)取电(与电业部门沟通)。

(3)计算工程量(电缆沟)。

3.注意事项

(1)网格控制。

(2)严格按照电力设计规格进行。

(3)照明用电和动力电线路应分路设置。

(4)灯具的型号应标注清楚。

第3章 风景园林工程定额计价

3.1 风景园林工程定额的概述

3.1.1 风景园林工程定额的概念

定额是指规定的额度或限额,它是一种标准,是一种对事、物和活动在时间、空间上的数量规定或数量尺度。它反映生产与生产消费之间的客观数量关系。定额随生产力水平的提高自然地发生、发展、变化,是生产和劳动社会化的客观要求,而不是某种社会经济形态的产物,不受社会政治、经济、意识形态的影响,不为某种社会制度所专有。

风景园林工程定额是指在施工过程按生产工艺和施工验收规范操作,施工条件完善,劳动组织合理,机械运转正常,材料储备合理等情况下,完成单位园林工程施工作业所必需消耗的人工、材料、机具设备、能源、时间以及资金等的数量标准。

风景园林工程概预算定额是风景园林工程建设造价管理的技术标准及依据,也是风景园林工程施工中的标准及尺度。

3.1.2 风景园林工程定额的作用

风景园林工程定额是工程企业实现管理科学化的基础和必备条件,在企业管理科学化中占有重要的地位。在风景园林工程建设中,其作用主要体现在以下几方面:

(1)定额是编制计划的基础

风景园林工程建设活动需要编制各种计划来组织与指导生产,而计划编制中又需要各种定额来作为计算人力、物力和财力等资源需要量的依据。

(2)定额是确定工程造价的依据和比较、评价设计方案经济合理性的尺度

工程造价是根据设计规定的工程规模、工程数量以及相应需要的劳动力、材料、机械设备消耗量及其他必须消耗的资金确定的,而劳动力、材料、机械设备的消耗量又是根据定额计算出来的。同时,园林项目投资的大小也反映了各种不同设计方案技术经济水平的高低。

(3)定额是组织和管理施工的工具

定额用于施工企业计算、平衡资源需要量、组织材料供应、调配劳动力、签发任务单、组织劳动竞赛、调动人的积极因素、考核工程消耗和劳动生产率、贯彻按劳分配工资制度以及计算工人报酬等。从组织施工和管理生产的角度来说,企业定额又是施工企业组织和管理施工的工具。

(4)定额是总结先进生产方法的手段

定额是在平均先进的条件下,通过对生产流程的观察、分析及综合等过程制定的,它

能够最严格地反映出生产技术和劳动组织的先进合理程度。所以,我们可以以定额方法为手段,对同一产品在同一操作条件下的不同的生产方法进行观察、分析及总结,进而得到一套比较完整且优良的生产方法,并以此作为生产中推广的范例。

3.1.3 风景园林工程定额的性质

1.权威性

权威性反映统一的意志和要求,也反映信誉和信赖程度以及定额的严肃性。工程建设定额具有很大的权威性,这种权威性在一些情况下具有经济法规性质。

定额的科学性是工程建设定额权威性的客观基础,只有科学的定额才具有权威性。但是在社会主义市场经济条件下,它必然涉及各有关方面的经济和利益关系。赋予工程建设定额一定的权威性,就意味着在规定的范围内,对于定额的使用者和执行者来说,不论其主观上愿意与否,都必须按照定额的规定执行。所以,在当前市场不规范的情况下,赋予工程建设定额权威性是非常重要的。但是在竞争机制引入工程建设的情况下,定额的水平必然会受到市场供求状况的影响,从而可能使得定额水平在执行中产生浮动。

2.科学性

定额是在大量测算、分析研究实际生产中的数据的基础上,运用科学的方法,按照客观规律要求并结合群众的经验制定的。定额吸取当代科学管理的成就,其各项内容采用经实践证明是行之有效的先进技术和操作方法,能反映社会生产力水平。

3.针对性

一般来说,在生产领域中,由于所生产的产品多种多样,并且每种产品的质量标准、安全要求、操作方法以及完成该产品的工作内容也各不相同,所以,针对每种不同产品为对象的资源消耗量的标准也是不同的,不能互相通用,这一点在风景园林工程中尤为重要。

4.相对稳定性与可变性

一定时期的社会生产力水平决定着定额中所规定的各项指标的多少。社会生产力水平会随着科技水平的提高而有所增长,但社会生产力的发展是一个由量变到质变的过程,即有一个周期,而且定额的执行也有个实践过程。授权部门只有在生产条件发生变化、技术水平有较大的提高,原有定额不能适应生产需要时,才会根据新的情况制定出新的定额或补充定额。所以,每一次制定的定额必须具有相对稳定性。但是随着科技水平的发展,定额也要改变以适应生产力发展。另外,随着市场经济的不断深化,定额水平随商品价格也会发生波动,使得企业在执行定额标准过程中可能会有所调整,体现出可变性。

5.地域性

我国幅员辽阔,地域复杂,各地的自然资源条件和社会经济条件差异悬殊,所以,必须采用不同的定额。

6.统一性

国家对经济发展的宏观调控职能决定着定额的统一性。工程建设定额的统一性按其影响力和执行范围可有全国定额、地区定额和行业定额等;按其制定和贯彻使用可有统一的程序、原则、要求和用途。

3.1.4　风景园林工程定额的分类

在风景园林工程建设过程中,由于使用对象和目的不同,风景园林工程定额的分类方法有很多。一般根据内容、用途和使用范围的不同,可将其分为以下几类,如图 3.1 所示。

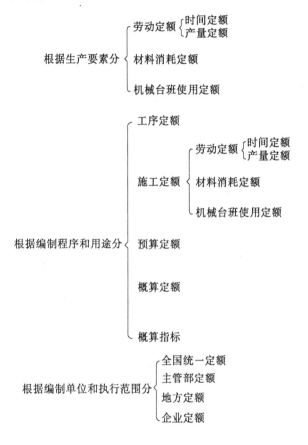

图 3.1　定额的不同分类

1.根据生产要素分类

生产要素包括三部分,即劳动者、劳动手段和劳动对象。由此可相应地将定额分为劳动定额(又称人工定额)、材料消耗定额和机械台班使用定额,这三种定额被称为三大基本定额。

(1)劳动定额

劳动定额是指在正常施工条件下,生产单位合格产品所必需消耗的劳动时间,或是在单位时间内生产合格产品的数量标准。

(2)材料消耗定额

材料消耗定额是指在合理使用材料的条件下,生产单位合格产品所必需消耗的一定品种、规格的原材料,半成品及成品或结构件的数量标准。

(3)机械台班使用定额

机械台班使用定额是指在正常施工条件下,利用某种施工机械生产单位合格产品所必需消耗的机械工作时间,或在单位时间内机械完成合格产品的数量标准。

2.根据编制程序和用途分类

根据定额的编制程序和用途不同,风景园林工程定额可分为工序定额、施工定额、预算定额、概算定额和概算指标。

(1)工序定额

工序定额以最基本的施工过程为标定对象,表示其产品数量与时间消耗关系。工序定额比较细,一般主要作为制定施工定额时的原始资料。

(2)施工定额

施工定额由劳动定额、材料消耗定额和机械台班使用定额三部分组成,它主要用于编制施工预算,是施工企业管理的基础。

(3)预算定额

预算定额是确定一定计量单位的分项工程或结构构件的人工、材料和机械台班耗用量及其资金消耗的数量标准,它主要用于编制施工图预算。

(4)概算定额

概算定额,即扩大结构定额是确定一定计量单位的扩大分项工程或结构构件的人工、材料和机械台班耗用量及其资金消耗的数量标准,它主要用于编制设计概算。

(5)概算指标

概算指标是以每个建筑物或构筑物为对象,规定人工、材料和机械台班耗用量及其资金消耗的数量标准,它主要用于投资估算或编制设计概算。

3.根据编制单位和执行范围分类

风景园林工程定额按编制单位和执行范围分为全国统一定额、主管部定额、地方定额和企业定额。

(1)全国统一定额

全国统一定额是由国家主管部门或授权单位综合全国基本建设的施工技术、施工组织管理和生产劳动的一般情况编制的,并在全国范围内执行的定额,例如1988年原建设部颁布的《仿古建筑及园林工程预算定额》。

(2)主管部定额

主管部定额是根据各专业生产部的生产技术措施所引起的施工生产和组织管理上的不同,并参照统一定额水平编制的。它通常只在本部门和专业性质相同的范围内执行,例如矿井建设工程定额、铁路建设工程定额等。

(3)地方定额

地方定额是在综合考虑全国统一定额水平的条件和地区特点的基础上编制并只在规定的地区范围内执行的定额,例如各省、直辖市、自治区等编制的定额。

(4)企业定额

企业定额是由园林施工企业考虑本企业的具体情况和特点,参照统一定额或主管部定额、地方定额的水平编制的。它只在本企业内部使用,适用于某些风景园林工程施工水平比较高的企业,在外部定额不能满足其需要时编制而成。

3.2　风景园林工程施工定额

3.2.1　风景园林工程施工定额的概念

　　风景园林工程施工定额是园林施工企业编制施工预算、编制施工作业计划、分析工料、签发工程任务单、考核工效、班组核算等方面的重要依据,还是企业内部进行经济核算的依据,同时也是政府主管部门编制预算定额的基础。

　　施工定额包括直接用于施工管理的人工、材料和机械消耗定额。它是以同一性质的施工过程为对象,以工序定额为基础综合而成的,能直接用于施工管理过程,其中包括劳动定额、材料定额和机械台班定额三部分。

3.2.2　劳动定额

1.劳动定额的概念、作用和表现形式

　　(1)劳动定额的概念

　　劳动定额又称人工定额,是施工工人在正常的施工(生产)条件及一定的生产技术和生产组织条件下、在平均先进水平的基础上制定的。它表示每个建筑安装工人生产单位合格产品所必须消耗的劳动时间,或在单位时间所生产的合格产品的数量。

　　(2)劳动定额的作用

　　劳动定额的作用主要表现在两方面,即组织生产和按劳分配。在一般情况下,两者是相辅相成的,生产决定分配,分配促进生产。目前对企业基层推行的各种形式的经济责任制的分配形式,都是以劳动定额作为核算基础的。劳动定额的作用具体表现在以下几方面:

　　1)劳动定额是编制施工作业计划的重要依据。编制施工作业计划必须以劳动定额作为依据,只有这样才能准确地确定劳动消耗并合理地确定工期,而且不仅在编制计划时要依据劳动定额,在实施计划时,为了保证计划的实现,也要按照劳动定额合理地平衡调配和使用劳动力。

　　施工作业计划和劳动定额作为施工(生产)指令,通过施工任务书下达给生产班组,组织工人达到和超过劳动定额水平,以完成施工任务书下达的工程量。这样能够把施工作业计划和劳动定额通过施工任务书这个中间环节与工人紧密联系起来,使计划落实到工人群众中,从而为企业完成和超额完成计划提供了切实可靠的保证。

　　2)劳动定额是贯彻按劳分配原则的重要依据。社会主义社会的一项基本原则就是按劳分配原则。贯彻这个原则必须以平均先进的劳动定额作为衡量尺度,按照工人生产产品的数量和质量进行分配。多劳才能多得,工人完成劳动定额的水平决定了他们实际收入和超额劳动报酬的多少。这样能够把企业完成施工(生产)计划,提高经济效益与个人物质利益紧密联系起来。

　　3)劳动定额是开展社会主义劳动竞赛的必要条件。社会主义劳动竞赛是调动广大职

工建设社会主义积极性的有效措施。劳动定额在竞赛中起着检查、考核以及衡量的作用。一般来说,完成劳动定额的水平越高,对社会主义建设事业的贡献也就越大。衡量工人贡献的大小、工效的高低,以劳动定额为标准,这样使不同单位、不同工种的工人之间有了可比性,便于鼓励先进,帮助后进,带动一般,进而提高劳动生产率,加快建设速度。

4)劳动定额是企业进行经济核算的重要基础。为了考核、计算和分析工人在生产中的劳动消耗和劳动成果,就要以劳动定额作为劳动核算的依据。企业经济核算的重要内容包括人工定额完成情况、单位工程用工和人工成本(或单位工程的工资含量)。只有用劳动定额严格、精确地计算和分析比较施工(生产)中的消耗和成果,对劳动消耗进行监督和控制,并不断降低单位成品的工时消耗,努力节约人力,才能降低产品成本中的人工费和分摊到产品成本中的管理费。

(3)劳动定额的形式

劳动定额按照用途不同可分为时间定额和产量定额两种形式。

1)时间定额就是某种专业(工种)、某种技术等级的工人小组或个人,在合理的劳动组合、使用材料和施工机械配合条件下,生产某一单位合格产品所必需的工作时间,其中包括准备与结束时间、基本生产时间、辅助生产时间、不可避免的中断时间和工人必要的休息时间。

时间定额以工日为单位,每一工日按 8 h 计算。计算公式为

$$单位产品的时间定额(工日) = \frac{1}{每工的产量} \tag{3.1}$$

或

$$单位产品的时间定额(工日) = \frac{小组成员工日数总和}{台班班产量} \tag{3.2}$$

2)产量定额就是在合理的劳动组合、使用材料和机械配合条件下,某种专业(工种)、某种技术等级的工人小组或个人,在单位工日中所完成的合格产品的数量。

产量定额根据时间定额计算,计算公式为

$$每工日的产量定额 = \frac{1}{单位产品的时间定额(工日)} \tag{3.3}$$

或

$$每工日的产量定额 = \frac{小组成员工日数总和}{单位产品的时间定额(工日)} \tag{3.4}$$

产量定额的计量单位,通常以自然单位或物理单位来表示,例如台、套、个、米、平方米和立方米等。

产量定额的高低与时间定额成反比,两者互为倒数。生产某一单位合格产品所消耗的工时越少,在单位时间内的产品产量就越高;反之则越低。

$$时间定额 × 产量定额 = 1 \tag{3.5}$$

或

$$时间定额 = \frac{1}{产量定额} \tag{3.6}$$

$$产量定额 = \frac{1}{时间定额} \tag{3.7}$$

所以在时间定额和产量定额中,无论知道哪一种定额,都可以很容易地计算出另一种定额。

时间定额和产量定额是同一劳动定额的不同表现形式,但是其用途却各不相同。时

间定额是以产品的单位和工日来表示的,它便于计算完成某一分部(项)工程所需的总工日数,核算工资,编制施工进度计划以及计算工期;而产量定额是以单位时间内完成产品的数量来表示的,它便于小组分配施工任务,考核工人的劳动效益以及签发施工任务单。

2.劳动定额的编制

(1)分析基础资料,拟定编制方案

1)确定影响工时消耗因素

①技术因素包括完成产品的类别,材料、构配件的种类和型号等级,机械和机具的种类、型号和尺寸以及产品质量等。

②组织因素包括操作方法和施工的管理与组织、工作地点的组织、人员的组成和分工、工资与奖励制度、原材料和构配件的质量及供应的组织以及气候条件等。

2)整理计时观察资料

在每次计时观察的资料整理完之后,还要对整个施工过程的观察资料进行系统的分析研究和整理。

整理计时观察资料的方法大多采用平均修正法。平均修正法是在对测时数列进行修正的基础上,求出平均值的方法。所谓修正测时数列,就是为了保证不受那些偶然性因素的影响,剔除或修正那些偏高或偏低的可疑数值。如果测时数列受到产品数量的影响,此时采用加权平均值是比较合适的。这是因为采用加权平均值可在计算单位产品工时消耗时,考虑到每次观察中产品数量变化的影响,从而使我们获得比较可靠的值。

3)整理和分析日常积累资料

日常积累的资料主要有以下四类:

①现行定额的执行情况及存在问题的资料。

②企业和现场补充定额资料,例如因现行定额漏项而编制的补充定额资料,因解决采用新技术、新结构、新材料和新机械所产生的定额缺项而编制的补充定额资料。

③已采用的新工艺和操作方法的资料。

④现行的施工技术规范、操作规程、安全规程和质量标准等。

4)拟定定额的编制方案

编制方案的内容包括以下几方面:

①提出对拟编定额的定额水平的总体设想。

②拟定定额分章、分节、分项的目录。

③选择产品和人工、材料以及机械的计量单位。

④设计定额表格的形式和内容。

(2)确定正常的施工条件

拟定施工的正常条件包括以下几方面:

1)拟定工作地点的组织。工作地点是指工人施工活动的场所。拟定工作地点的组织时,尤其要注意使人在操作时不受妨碍,所使用的工具和材料应按使用顺序放在工人最便于取用的地方,以提高工作效率。另外,工作地点应保持清洁和秩序井然。

2)拟定工作组成。拟定工作组成是指将工作过程按照劳动分工的可能划分为若干工序,以达到合理使用技术工人的目的。它可以采用如下两种基本方法:

①把工作过程中若干个简单的工序,划分给技术熟练程度较低的工人去完成。

②分出若干个技术程度较低的工人,去帮助技术程度较高的工人工作。这种方法把个人完成的工作过程,变成小组完成的工作过程。

3)拟定施工人员编制。拟定施工人员编制是指确定小组人数、技术工人的配备,以及劳动的分工和协作。其原则是使每个工人都能充分地发挥作用,均衡地担负工作。

(3)确定劳动定额消耗量的方法

时间定额是在拟定基本工作时间、辅助工作时间、不可避免中断时间、准备与结束的工作时间以及休息时间的基础上制定的。

1)拟定基本工作时间。基本工作时间在必需消耗的工作时间中所占的比重最大。在确定基本工作时间时,必须做到细致、精确。基本工作时间消耗一般应根据计时观察资料来确定。其具体做法如下:

①确定工作过程每一组成部分的工时消耗。

②综合出工作过程的工时消耗。

这期间如果组成部分的产品计量单位和工作过程的产品计量单位不相符,就需先求出不同计量单位的换算系数,进行产品计量单位的换算,然后再相加,进而求得工作过程的工时消耗。

2)拟定辅助工作时间和准备与结束工作时间。辅助工作时间和准备与结束工作时间的确定方法与基本工作时间相同。如果这两项工作时间在整个工作班工作时间消耗中所占比重不超过 5% ~ 6%,这时可将其归纳为一项,以工作过程的计量单位表示,从而确定出工作过程的工时消耗。

当在计时观察时不能取得足够的资料时,也可采用工时规范或者经验数据来确定。

3)拟定不可避免的中断时间。在确定不可避免中断时间的定额时,必须注意的是由工艺特点所引起的不可避免的中断才可列入工作过程的时间定额。

不可避免中断时间也要根据测试资料通过整理分析取得,还可以根据经验数据或者工时规范,以占工作日的百分比来表示此项工时消耗的时间定额。

4)拟定休息时间。休息时间应当根据工作班作息制度、经验资料、计时观察资料,以及对工作的疲劳程度进行全面分析确定。同时,还应考虑尽可能利用不可避免中断时间作为休息时间。

由于从事不同工种、不同工作的工人疲劳程度有很大的差别,所以为了合理确定休息时间,通常要对从事各种工作的工人进行观察、测定,还要进行生理和心理方面的测试,以便确定其疲劳程度。国内外通常将各种工作按工作轻重和工作条件的好坏,划分为不同的级别。例如我国某地区工时规范将体力劳动分为六类,即最沉重、沉重、较重、中等、较轻和轻便,见表 3.1。划分出疲劳程度的等级后,就可以合理规定休息需要的时间。

表 3.1 休息时间占工作日的比重

疲劳程度	轻便	较轻	中等	较重	沉重	最沉重
等级	1	2	3	4	5	6
占工作日比重/%	4.16	6.25	8.33	11.45	16.7	22.9

5)拟定时间定额。劳动定额的时间定额是指确定的基本工作时间、辅助工作时间、准备与结束工作时间、不可避免中断时间和休息时间之和。

利用工时规范,可以计算劳动定额的时间定额。计算公式为

$$作业时间 = 基本工作时间 + 辅助工作时间 \quad (3.8)$$

$$规范时间 = 准备与结束工作时间 + 不可避免的中断时间 + 休息时间 \quad (3.9)$$

$$工序作业时间 = 基本工作时间 + 辅助工作时间 = 基本工作时间/[1 - 辅助时间(\%)] \quad (3.10)$$

$$时间定额 = \frac{作业时间}{1 - 规范时间(\%)} \quad (3.11)$$

3.计算实例

【示例 3.1】 某施工工程为人工挖土方,土壤系潮湿的黏性土,Ⅱ类土(普通土)。测试资料表明,挖 1 m^3 需消耗的基本工作时间为 60 min,辅助工作时间占工作班延续时间的 4%,准备与结束工作时间占工作延续时间的 5%,不可避免的中断时间占 3%,休息时间占 20%。试计算时间定额与产量定额。

【解】 时间定额/工日 = 60/(1 - 4% - 5% - 3% - 20%) = 88 min = 0.184

产量定额/m^3 = 1/0.184 = 5.43

【示例 3.2】 某土方工程,挖基槽的工程量为 500 m^3,每天有 25 名工人负责施工,时间定额为 0.205 工日/m^3,试计算完成该分项工程的施工天数。

【解】 完成该分项工程所需的总劳动量为

$$总劳动量/工日 = 500 \times 0.205 = 102.50$$

施工天数为

$$施工天数/d = 102.5 \div 25 = 4.1$$

所以完成该分项工程的施工天数应取 5 d。

3.2.3　材料消耗定额

1.材料消耗定额概述

(1)材料消耗定额的概念

材料消耗定额是指在正常的施工(生产)条件及节约和合理使用材料的情况下,生产单位合格产品所必需消耗的一定品种、规格的材料、半成品以及配件等的数量标准。

材料消耗定额是编制材料需要量计划、运输计划、供应计划、计算仓库面积、签发限额领料单和进行经济核算的根据。制定合理的材料消耗定额,是组织材料正常供应、保证生产顺利进行、合理利用资源以及减少积压、浪费的必要前提。

(2)施工中材料消耗的组成

施工中材料的消耗,可以分为必需的材料消耗和损失的材料两类性质。

必需消耗的材料是指在合理用料的条件下生产合格产品所需消耗的材料,其中包括直接用于工程的材料,不可避免的施工废料以及不可避免的材料损耗。

必需的材料消耗属于施工正常消耗,是确定材料消耗定额的基本数据。其中,直接用

于建设工程的材料用来编制材料净用量定额;不可避免的施工废料和材料损耗用来编制材料损耗定额。

材料各种类型的损耗量之和称为材料损耗量;除去损耗量之后净用于工程实体上的数量称为材料净用量;材料净用量与材料损耗量之和称为材料总消耗量;损耗量与总消耗量之比称为材料损耗率。它们之间的关系用公式表示为

$$材料损耗率 = 损耗量/总消耗量 \times 100\% \qquad (3.12)$$
$$损耗量 = 总消耗量 - 净用量 \qquad (3.13)$$
$$净用量 = 总消耗量 - 损耗量 \qquad (3.14)$$
$$总消耗量 = 净用量/(1 - 材料损耗率) \qquad (3.15)$$

或
$$总消耗量 = 净用量 + 损耗量 \qquad (3.16)$$

为了简便,通常将损耗量与净用量之比作为损耗率,即

$$损耗率 = 损耗量/净用量 \times 100\% \qquad (3.17)$$
$$总消耗量 = 净用量 \times (1 + 损耗率) \qquad (3.18)$$

材料的损耗率可通过观测和统计而确定,见表3.2。

表 3.2　部分建筑材料、成品、半成品损耗率

材料名称	工程项目	损耗率/%	材料名称	工程项目	损耗率/%
普通黏土砖	地面、屋面、空花(斗)墙	1.5	水泥砂浆	抹灰及墙裙	2
普通黏土砖	基础	0.5	水泥砂浆	地面、屋面、构筑物	1
普通黏土砖	实砌砖墙	1	混凝土(现浇)	二次灌浆	3
白瓷砖	—	3.5	混凝土(现浇)	地面	1
陶瓷锦砖(马赛克)	—	1.5	混凝土(现浇)	其余部分	1.5
面砖、缸砖	—	2.5	细石混凝土		1
水磨石板	—	1.5	钢筋(预应力)	后张吊车梁	13
大理石板	—	1.5	钢筋(预应力)	先张高强钢丝	9
水泥瓦、黏土瓦	(包括脊瓦)	3.5	钢材	其余部分	6
石棉波形瓦(板瓦)	—	4	铁件	成品	1
砂	混凝土、砂浆	3	小五金	成品	1
白石子	—	4	木材	窗扇、框(包括配料)	6

续表 3.2

材料名称	工程项目	损耗率/%	材料名称	工程项目	损耗率/%
砾(碎)石	—	3	木材	屋面板平口制作	4.4
乱毛石	砌墙	2	木材	屋面板平口安装	3.3
方整石	砌体	3.5	木材	木栏杆及扶手	4.7
碎砖、炉(矿)渣	—	1.5	木材	封檐板	2.5
珍珠岩粉	—	4	模板制作	各种混凝土	5
生石膏	—	2	模板安装	工具式钢模式板	1
水泥	—	2	模板安装	支撑系统	1
砌筑砂浆	砖、毛方石砌体	1	胶合板、纤维板、吸声板	顶棚、间壁	5
砌筑砂浆	空斗墙	5	石油沥青	—	1
砌筑砂浆	多孔砖墙	10	玻璃	配制	15
砌筑砂浆	加气混凝土块	2	石灰砂浆	抹顶棚	1.5
混合砂浆	抹顶棚	3	石灰砂浆	抹墙及墙裙	1
混合砂浆	抹灰及墙裙	2	水泥砂浆	抹顶棚、梁、柱腰线、挑檐	2.5

2.材料消耗定额的制定方法

材料消耗定额必须在充分研究材料消耗规律的基础上进行制定。科学的材料消耗定额应是材料消耗规律的正确反映。材料消耗定额是通过施工生产过程中对材料消耗进行观测、试验以及根据技术资料的统计、计算等方法制定的。

(1)观测法

观测法又称现场测定法,是在合理使用材料的条件下,在施工现场按照一定程序对完成合格产品的材料耗用量进行测定,通过分析、整理,进而得出一定的施工过程单位产品的材料消耗定额。

观测法的首要任务是选择典型的工程项目,其施工技术、组织及产品质量,都要符合技术规范的要求;其材料的品种、型号、质量也要符合设计要求;产品检验合格后,操作工人才能合理使用材料以保证产品质量。在观测前要充分做好准备工作,其中包括选用标准的运输工具和衡量工具,采取减少材料损耗措施等。观测的结果要取得材料消耗的数量和产品数量的数据资料。

观测法的优点是真实可靠,可以发现一些问题,也可以消除一部分消耗材料不合理的浪费因素。但是,由于受到一定的生产技术条件和观测人员的水平等限制,用这种方法制定材料消耗定额,仍然不能把所消耗材料不合理的因素都揭露出来。同时,还有可能把生产和管理工作中的某些与消耗材料有关的缺点保存下来。

另外,还要对观测取得的数据资料进行分析研究,区分哪些是合理的,哪些是不合理的,哪些是不可避免的,以便制定出在一般情况下都可以达到的材料消耗定额。

(2)试验法

试验法是指在材料试验室中进行试验及测定数据。例如,以各种原材料为变量因素,求得不同强度等级混凝土的配合比,进而计算出每立方米混凝土的各种材料耗用量。

利用试验法,主要目的是编制材料净用量定额。因为通过试验,能够对材料的结构、化学成分和物理性能和按强度等级控制的混凝土、砂浆配比作出科学的结论,从而为编制材料消耗定额提供有技术根据并比较精确的计算数据。但是,试验法也有其不足之处,它不能取得在施工现场实际条件下,由于各种客观因素对材料耗用量影响的实际数据。

试验室试验必须符合国家有关标准规范,要使用标准容器和称量设备进行计量,其质量要符合施工与验收规范要求,以保证获得可靠的定额编制依据。

(3)统计法

统计法是指通过对现场进料、用料的大量统计资料进行分析计算,从而获得材料消耗的数据。由于统计法不能分清材料消耗的性质,所以不能作为确定材料净用量定额和材料损耗定额的精确依据。

采用统计法,必须要保证统计和测算的耗用材料和相应产品的一致性。由于在施工现场中的某些材料,常难以区分用在各个不同部位上的准确数量,所以,要有意识地加以区分,才能得到有效的统计数据。

对积累的各分部分项工程结算的产品所耗用材料的统计分析,是根据各分部分项工程所拨付材料数量、剩余材料数量和总共完成产品数量计算的。

用统计法制定材料消耗定额一般采取以下两种方法:

1)经验估算法。经验估算法是指在以有关人员的经验或以往同类产品的材料实耗统计资料为依据,通过研究分析并考虑有关影响因素的基础上制定材料消耗定额的方法。

2)统计法。统计法是指对某一确定的单位工程拨付一定的材料,待工程完工后,根据已完工产品的数量和领退材料的数量,进行统计、计算的一种方法。统计法的优点是不需要专门人员测定和实验。但要注意由统计得到的定额虽然有一定的参考价值,但其准确程度较差,应对其分析研究后方能采用。

(4)理论计算法

理论计算法是指根据施工图,并运用一定的数学公式,直接计算材料耗用量的方法。这种方法只能计算出单位产品的材料净用量,而材料的损耗量仍要在现场实测取得。采用这种方法必须先对工程结构、图纸要求、材料特性和规格、施工质量验收规范、施工方法等进行了解和研究。这种方法适宜于不易产生损耗,并且容易确定废料的材料,例如木材、钢材、砖瓦和预制构件等材料。因为这些材料根据施工图纸和技术资料从理论上都可以计算出来,而且不可避免的损耗也有一定的规律可循。

理论计算法是材料消耗定额制定方法中比较先进的方法。但是,采用这种方法制定材料消耗定额时,要求掌握一定的技术资料和各方面的知识,还要有比较丰富的现场施工经验。

3.周转性材料消耗量的计算

在编制材料消耗定额时,某些工序定额、单项定额和综合定额中会涉及周转材料的确定和计算,例如劳动定额中的架子工程和模板工程等。

周转性材料消耗的定额量是指每使用一次所摊销的数量,计算时必须考虑一次使用量、周转使用量、回收价值和摊销量之间的关系。

周转性材料在施工过程中不属于通常的一次性消耗材料,而是可多次周转使用,经过修理、补充才逐渐被耗尽的材料。例如模板、钢板桩和脚手架等,实际上它也可以作为一种施工工具和措施,应当按照多次使用、分次摊销的办法编制材料消耗定额。

(1)一次使用量是指周转性材料一次使用的基本量,即一次投入量。周转性材料的一次使用量根据施工图计算的,其用量与各分部分项工程的部位、施工工艺和施工方法有关。

(2)周转使用量是指周转性材料在周转使用及补损的条件下,每周转一次的平均需用量,可以根据一定的周转次数和每次周转使用的损耗量等因素来确定的。

(3)周转次数是指周转性材料从第一次使用起可重复使用的次数。周转次数与不同的周转性材料、使用的工程部位、施工方法和操作技术有关。周转次数的正确规定,对准确计算用料,加强周转性材料管理和进行经济核算起着非常重要的作用。

为了使周转材料的周转次数确定更加合理,应根据工程类型和使用条件,采用各种测定手段进行实地观察,并结合有关的原始记录、经验数据进行综合取定。确定出最佳的周转次数,是很不容易的。影响周转次数的主要因素有以下几方面:

1)材质及功能对周转次数的影响,例如金属制的周转材料比木制的周转材料的周转次数多 10 倍,甚至是百倍。

2)使用条件的好坏对周转材料使用次数的影响。

3)施工速度的快慢对周转材料使用次数的影响。

4)对周转材料的保管、保养和维修的好坏对周转材料使用次数的影响等。

损耗量是指周转性材料使用一次后由于损坏而需补损的数量,故在周转性材料中又称为"补损量",按一次使用量的百分数计算,而该百分数就是损耗率。

(4)周转回收量是指周转性材料在周转使用后除去损耗部分的剩余数量,即还可以回收的数量。

(5)周转性材料摊销量是指完成一定计量单位产品所一次消耗周转性材料的数量。计算公式为

$$材料的摊销量 = 一次使用量 \times 摊销系数 \qquad (3.19)$$

其中:

$$一次使用量 = 材料的净用量 \times (1 - 材料损耗率) \qquad (3.20)$$

$$摊销系数 = \frac{周转使用系数 - \left[(1 - 损耗率) \times 回收价值率 \right]}{周转次数 \times 100\%} \tag{3.21}$$

$$周转使用系数 = \frac{(周转次数 - 1) \times 损耗率}{周转次数 \times 100\%} \tag{3.22}$$

$$回收价值率 = \frac{一次使用量 \times (1 - 损耗率)}{周转次数 \times 100\%} \tag{3.23}$$

3.2.4　机械台班定额

1.机械台班使用定额的概念和表现形式

(1)机械台班使用定额的概念

在建设工程中的工程产品或工作,有些是由工人来完成的,有些是由机械来完成的,而有些是由人工和机械配合共同完成的。由机械或人机配合共同完成的工程产品或工作中就包含一个机械工作时间。

机械台班使用定额又称机械台班消耗定额,是指在正常施工条件下,合理的劳动组合和使用机械,完成单位合格产品或某项工作所必需的机械工作时间,其中包括准备与结束时间、基本工作时间、辅助工作时间、不可避免的中断时间以及使用机械的工人生理需要与休息时间。

(2)机械台班使用定额的表现形式

机械台班使用定额按其表现形式不同,可分为时间定额和产量定额。

1)机械时间定额是指在合理劳动组织与使用机械的条件下,完成单位合格产品所必需的工作时间,其中包括有效工作时间(正常负荷下的工作时间和降低负荷下的工作时间)、不可避免的中断时间以及不可避免的无负荷工作时间。机械时间定额以"台班"表示,即一台机械工作一个作业班的时间。一个作业班时间为 8 h。

$$单位产品机械时间定额/台班 = \frac{1}{台班产量} \tag{3.24}$$

由于机械必须由工人小组配合,所以完成单位合格产品的时间定额应同时列出人工时间定额,即

$$单位产品人工时间定额/工日 = \frac{小组成员总人数}{台班产量} \tag{3.25}$$

2)机械产量定额是指在合理劳动组织与使用机械的条件下,机械在每个台班时间内应完成合格产品的数量,即

$$机械台班产量定额 = \frac{1}{机械时间定额(台班)} \tag{3.26}$$

机械时间定额和机械产量定额互为倒数关系。

复式表示法有如下形式

$$\frac{人工时间定额}{机械台班产量} \text{或} \left. \frac{人工时间定额}{机械台班产量} \right| 台班车次 \tag{3.27}$$

2 机械台班使用定额的编制

(1)确定正常的施工条件

拟定机械工作正常条件,主要是指拟定工作地点的合理组织和及工人编制。

1)工作地点的合理组织是指对施工地点机械和材料的放置位置以及工人从事操作的场所,做出科学合理的平面布置和空间安排。它要求施工机械和操纵机械的工人在最小范围内移动,同时又不阻碍机械运转和工人操作;还应使机械的开关和操纵装置尽可能集中地装置在操纵工人的旁边,以节省工作时间并减轻劳动强度;应最大限度发挥机械的效能,以减少工人的手工操作。

2)拟定合理的工人编制是指根据施工机械的性能和设计能力以及工人的专业分工和劳动工效,合理确定操纵机械的工人和直接参加机械化施工过程的工人的编制人数。应要求保持机械的正常生产率和工人正常的劳动工效。

(2)确定机械 1 h 纯工作正常生产率

确定机械正常生产率时,必须先确定出机械纯工作 1 h 的正常生产率。

机械纯工作时间是指机械的必需消耗时间。机械 1 h 纯工作正常生产率是指在正常的施工组织条件下,具有必需的知识及技能的技术工人操纵机械 1 h 的生产率。

由于机械工作特点的不同,机械 1 h 纯工作正常生产率的确定方法也不尽相同。对于循环动作机械,确定机械纯工作 1 h 正常生产率的计算公式为

机械一次循环的正常延续时间/s = $\sum$(循环各组成部分正常延续时间) – 重叠时间

$$(3.28)$$

$$机械纯工作 1 h 正常循环次数 = \frac{60 \times 60(s)}{一次循环的正常延续时间(s)} \quad (3.29)$$

循环机械纯工作 1 h 正常生产率 = 机械纯工作 1 h 正常循环次数 ×

一次循环生产的产品数量　　　　　　(3.30)

从以上公式中可看出,计算循环机械纯工作 1 h 正常生产率的步骤如下:

1)根据现场观察资料和机械说明书计算出各循环组成部分的延续时间;

2)将各循环组成部分的延续时间相加,减去各组成部分之间的交叠时间,计算出循环过程的正常延续时间;

3)计算机械纯工作 1 h 的正常循环次数;计算循环机械纯工作 1 h 的正常生产率。

对于连续动作机械,确定机械纯工作 1 h 正常生产率要根据机械的类型、结构特征,以及工作过程的特点进行。计算公式为

$$连续动作机械纯工作 1 h 正常生产率 = \frac{工作时间内生产的产品数量}{工作时间(h)} \quad (3.31)$$

工作时间内的产品数量和工作时间的消耗,要通过多次现场观察和机械说明书获取数据。

对于同一机械进行作业属于不同的工作过程,例如挖掘机所挖土壤的类别不同,碎石机所破碎的石块硬度和粒径不同,这些都需要分别确定其纯工作 1 h 的正常生产率。

(3)确定施工机械的正常利用系数

确定施工机械的正常利用系数是指机械在工作班内对工作时间的利用率。机械的利用系数与机械在工作班内的工作状况有密切的联系。所以要确定机械的正常利用系数,首先就要拟定机械工作班的正常工作状况,以保证合理利用工时。

确定机械正常利用系数,要计算工作班在正常状况下准备与结束工作,机械启动和机械维护等工作所必须消耗的时间,还包括机械有效工作的开始与结束时间。然后再进一步计算出机械在工作班内的纯工作时间和机械正常利用系数。机械正常利用系数的计算公式为

$$机械正常利用系数 = \frac{机械在一个工作班内纯工作时间}{一个工作班延续时间(8\ h)} \tag{3.32}$$

(4)计算施工机械台班产量定额

在确定了机械工作正常条件、机械 1 h 纯工作正常生产率和机械正常利用系数之后,要计算施工机械定额,这是编制机械定额工作的最后一步。计算公式为

$$施工机械台班产量定额 = 机械纯工作1\ h\ 正常生产率 \times 工作班纯工作时间 =$$

$$机械纯工作1\ h\ 正常生产率 \times 工作延续时间 \times 机械正常利用系数 \tag{3.33}$$

$$施工机械时间定额 = \frac{1}{机械台班产量定额指标} \tag{3.34}$$

3.3　风景园林工程预算定额

3.3.1　风景园林工程预算定额的概念

风景园林工程预算定额是指园林施工单位在正常的施工条件下,完成一定计量单位合格的分项工程或者结构构件所需消耗的人工、材料和机械台班的数量标准。

预算定额是由国家主管部门或其授权机关组织编制、审批并颁发的一种法令性文件,是工程建设中的一项重要的技术经济法规。定额中的主要施工定额指标,反映的是先进管理水平和生产力水平的平均消耗数量标准。预算定额规定了施工企业和建设单位在完成施工或者生产任务时允许消耗的人工、材料和机械台班的数量额度,这也就是规定了国家和建设单位在工程建设中能够向施工企业提供的物质和资金的限度。

在现阶段,预算定额是对基本建设实行宏观调控以及有效监督的重要工具。各地区、各基本建设部门都必须严格执行。因为只有这样,才能保证全国的工程有一个统一的核算尺度,才能使国家对各地区、各部门工程设计、经济效果与施工管理水平进行统一的比较与核算。

3.3.2　风景园林工程预算定额的作用

风景园林工程预算定额是工程建设中的一项重要的技术经济法规,它不仅规定了施工企业和建设单位在完成施工任务时,允许消耗的人工、材料和机械台班的数量额度,还确定了国家、施工企业和建设单位之间的技术经济关系,在我国建设工程中具有非常重要的作用。具体表现在如下几个方面:

(1)风景园林工程预算定额是编制风景园林工程施工图预算,合理确定工程造价的依据;

(2)风景园林工程预算定额是编制地区单位估价表的依据;

(3)风景园林工程预算定额是建设工程招标、投标中确定标底和标价的主要依据；

(4)风景园林工程预算定额是施工企业贯彻经济核算,进行经济活动分析的依据；

(5)风景园林工程预算定额是在使用"定额计价"方法进行工程造价的情况下,建设单位和建设银行拨付工程价款、建设资金贷款以及进行工程竣工结算的依据；

(6)风景园林工程预算定额是编制概算定额和概算指标的基础资料；

(7)风景园林工程预算定额是设计部门对设计方案进行技术经济分析的工具；

(8)风景园林工程预算定额是施工企业编制施工组织设计,确定劳动力、建筑材料、成品、半成品以及施工机械台班需用量计划,统计完成工程量,考核工程成本,实行经济核算的依据。

总而言之,编制和执行好预算定额,充分发挥它的作用,这对于合理确定工程造价,监督基本建设投资的合理使用,推行以招标承包制为中心的经济责任制,还有加强经济核算,降低工程成本,改善企业经营管理,提高经济效益,都具有非常重要的现实意义。

3.3.3　风景园林工程预算定额的内容

要正确使用预算定额,首先就必须了解定额手册的基本结构。预算定额手册主要由文字说明、定额项目表和附录三部分内容组成,其具体构成如图 3.2 所示。

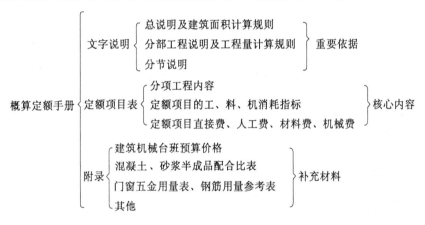

图 3.2　预算定额手册示意图

(1)文字说明部分

1)总说明。总说明主要阐述了定额的编制原则、编制依据、指导思想、适用范围以及定额的作用,同时还说明了编制定额时考虑和没考虑的因素、使用方法以及有关规定等。所以,在使用定额前,应首先了解和掌握其总说明。

2)建筑面积计算规则。建筑面积计算规则规定了计算建筑面积的范围以及计算方法,同时还规定了不能计算建筑面积的范围。

3)分部工程说明。分部工程说明主要介绍分部工程所包括的主要项目和工作内容,还说明了编制中的有关问题,执行中的一些规定,特殊情况的处理,以及各分项工程量的计算规则等。它是定额手册的重要组成部分,是执行定额和进行工程量计算的基准,所以必须全面掌握。

4)分节说明。分节说明是对本节所包含的工程内容以及使用所做的相关说明。

文字说明部分是预算定额正确使用的重要依据和原则。在应用预算定额手册前必须仔细阅读文字说明,否则就会造成错套、漏套以及重套定额的错误发生。

(2)定额项目表

定额项目表是预算定额的重要组成部分。定额项目表列出了每一单位分项工程中人工、材料和机械台班消耗量以及相应的各项费用,是预算定额手册的核心内容,一般由分项工程内容,定额计量单位,定额编号,预算单价,人工、材料消耗量以及相应的费用、机械费和附注等组成。

在定额项目表中,人工表现形式是按工种、工日数以及合计工日数来表示的,工资等级是按总(综合)平均等级编制的;材料栏内只列出主要材料消耗量,零星材料用"其他材料"来表示,凡需机械的分部分项工程则列出施工机械台班数量,即分项工程人工、材料和机械台班的定额指标。

在定额项目表中还列有根据上述三项指标以及所取定的人工工资标准、材料预算价格以及机械台班费等,由此分别计算出的人工费、材料费和机械费及其汇总的基价(即综合单价)的计算公式为

$$综合单价(预算价值) = 人工费 + 材料费 + 机械费 \tag{3.35}$$
$$人工费 = 合计工日 \times 每工单价 \tag{3.36}$$
$$材料费 = \sum(材料用量 \times 相应材料预算选价) + 其他材料费 \tag{3.37}$$
$$机械费 = \sum(机械台班用量 \times 相应机械台班选价) \tag{3.38}$$

"附注"列在定额项目表下部,对定额表中的某些问题作进一步的说明和补充。

(3)附录

附录、附件列在定额手册的最后部分,其中包括建筑机械台班费用定额表,材料名称规格表,砂、混凝土配合比表等资料。

3.3.4　风景园林工程预算定额的编排形式

1.编排形式主要内容

预算定额手册是根据仿古建筑和园林结构以及施工程序等,按照章、节、项目、子目等顺序排列的。

章为分部工程,它是将单位工程中的某些性质相近,材料大致相同的施工对象归纳在一起。例如全国 1988 年《仿古建筑及园林工程预算定额》(第一册通用项目)共分六章,第一章土石方、打桩、围堰、基础垫层工程;第二章砌筑工程;第三章混凝土及钢筋混凝土工程;第四章木作工程;第五章楼地面工程;第六章抹灰工程。

分部工程以下,按照工程性质、工程内容、施工方法及使用材料又分成许多节,例如砖石分部工程又分为砌砖、砌石、卵石和预制品安装四节。

节以下,按照工程性质、规格、材料类别等再分成若干项目,例如砌砖工程中可再分成砖基础墙、砖墙、保护墙、框架间墙和砖柱等项目。

在项目中还可按照其规格、材料等再细分为许多子项目,例如砖墙中可再细分为外墙、内墙、1/2 砖墙和 1/4 砖墙等。

2.编号方法

为了方便查阅和使用定额,定额的章、节、子目都应当有统一的编号。章号用中文小写一、二、三等,或者用罗马字Ⅰ、Ⅱ、Ⅲ等表示;节号、子目号一般用阿拉伯数字1、2、3等表示。通常有两种编号方法,即三个符号和两个符号,如图3.3所示。

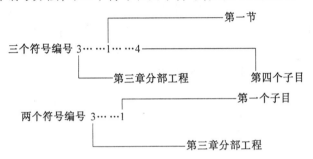

图3.3　预算定额项目的编号方法

3.3.5　风景园林工程的编制

1.编制原则

(1)集中领导,分级管理。

(2)内容形式简明适用。

(3)定额水平符合社会必要劳动量。

2.编制依据

(1)现行的标准通用图和应用范围较广的设计图纸或者图集。

(2)现行的劳动定额、施工材料消耗定额以及施工机械台班使用定额。

(3)现行的设计规范、施工及验收规范、质量评定标准以及安全操作规程。

(4)现行的有关文件规定等。

(5)新技术、新结构、新材料和先进的施工方法等。

(6)科学试验、技术测定、统计和分析测算的相关施工资料。

3.编制步骤

(1)准备阶段

准备阶段主要是根据收集到的有关资料和国家政策性文件,拟定编制方案,对编制过程中的一些重大原则问题作出统一的规定,其中包括以下内容。

1)适当划分定额的项目和步距。分得过细不但增加定额大量篇幅,还会给以后编制预算带来麻烦,而分得过粗又会使单位造价的差异过大。

2)确定统一的计量单位。定额项目的计量单位应当是能够反映出该分项工程的最终实物量的单位,同时还要注意计算上的方便,定额只能按照大多数施工企业普遍采用的一种施工方法来作为计算人工、材料和施工机械的基础。

3)确定机械化施工和工厂预制的程度。建筑安装工程技术提高的标志就是施工的机械化和工厂化,它同时也是工程质量要求不断提高的保证。所以,在严格按照现行的规范要求来选用先进的机械和扩大工厂预制程度的同时,还要兼顾大多数企业现有的技术装备水平。

4)确定设备和材料在现场内的水平运输距离和垂直运输高度,以此作为计算运输用人工和机具的基础。

5)确定主要材料的损耗率。对造价影响较大的辅助材料,例如电焊条,也应编制出安装工程焊条的消耗定额,以此作为各册安装定额计算焊条消耗量的基础定额。对各种材料的名称也要统一命名,对规格较多的材料要确定各种规格所占的比例,编制出规格综合价,方便计价,对主要材料还要编制损耗率表。

6)确定工程量的计算规则,统一计算口径。

7)确定其他内容,例如定额表形式、计算表达式、数字精确度以及各种幅度差等。

(2)编制预算定额初稿,测算预算定额水平

1)编制预算定额初稿。编制预算定额初稿是根据确定的定额项目和基础资料,进行反复分析和测算,编制定额项目劳动力计算表、材料和机械台班计算表,并附注有关的计算说明,然后再汇总编制预算定额项目表。

2)测算预算定额水平。新定额编制成稿,必须与原定额进行对比测算,分析水平升降的原因。一般新编定额的水平应该不低于历史上已经达到过的水平,并应略有提高。在定额水平测算前,还必须编出同一工人工资、材料价格、机械台班费的新旧两套定额的工程单价。定额水平的测算方法一般有如下两种:

①单项定额水平测算。单项定额水平测算是选择对工程造价影响较大的主要分项工程或者结构构件人工、材料耗用量和机械台班使用量进行对比测算,分析提高或者降低的原因,并及时进行修订,以保证定额水平的合理性。其方法有如下两种:

a.新编定额和现行定额直接对比测算。这种方法是以新编定额与现行定额相同项目的人工、材料耗用量和机械台班的使用量直接进行分析对比,比较简单,但应当注意新编和现行定额口径是否一致,并剔除影响可比性的因素。

b.新编定额和实际水平对比测算。这种方法是把新编定额拿到施工现场与实际工料消耗水平进行对比测算,并征求有关人员意见,分析定额水平是否符合正常情况下的施工。采用时应当注意实际消耗水平的合理性,并剔除因施工管理不善而造成的人工、材料和机械台班的浪费。

②定额总水平测算。定额总水平测算是指测算因定额水平的提高或者降低对工程造价的影响。

a.选择具有代表性的单位工程,按照新编和现行定额的人工、材料耗用量和机械台班使用量,用相同的工资单价、材料预算价格、机械台班单价分别编制两份工程预算。

b.按照工程直接费进行对比分析,测算出定额水平提高或者降低的比率,并分析原因。

采用这种测算方法,要注意以下两点:

a.要正确选择常用且有代表性的工程。

b.要根据国家统计资料和基本建设计划,正确确定各类工程的比重,以此作为测算依据。

定额总水平测算的综合因素多，能够全面反映定额的水平；但它工作量大，计算复杂。在定额编出后，应当进行定额总水平测算，以考核定额水平和编制质量。测算定额总水平后，还要根据测算的情况，分析定额水平的升降原因。影响定额水平的因素有很多，主要应分析其对定额的影响、变更施工规范的影响、修改现行定额误差的影响、改变施工方法的影响、调整材料损耗率的影响、调整劳动定额水平的影响、材料规格变化的影响、机械台班使用量和台班费变化的影响、其他材料费变化的影响、调整人工工资标准、材料价格的影响，还有一些其他因素的影响等，并测算出各种因素影响的比率，分析是否正确合理。

同时，还要进行施工现场水平的比较，就是将上述测算水平进行分析比较，其内容有规范变更的影响、施工方法改变的影响、材料损耗率调整的影响、材料规格对造价的影响、其他材料费变化的影响、劳动定额水平变化的影响、机械台班定额和台班预算价格变化的影响、定额项目变更对工程量计算的影响等。

(3)修改定稿、整理资料阶段

1)印发征求意见。定额编制初稿完成后，需要征求各有关方面的意见和组织讨论，并反馈意见。在统一意见的基础上再进行整理分类，制订修改方案。

2)修改整理报批。按照修改方案的决定，将初稿按照定额的顺序进行修改，并经审核无误后形成报批稿，经批准后再交付印刷。

3)撰写编制说明。撰写新定额编制说明才能顺利地贯彻执行定额。其内容有项目、子目数量，人工、材料、机械的内容范围，资料的依据和综合取定情况，定额中允许换算和不允许换算规定的计算资料，工人、材料、机械单价的计算资料，各种材料损耗率的取定资料，调整系数的使用，施工方法、工艺的选择以及材料运距的考虑，其他应当说明的事项与计算数据、资料。

4)立档、成卷。贯彻执行定额中需查对资料的唯一依据是定额编制资料，它同时也为修编定额提供历史资料数据，所以应当作为技术档案永久保存。

3.3.6　分项工程定额指标的确定

分项工程的定额消耗指标的确定应在选择计量单位、确定施工方法、计算工程量以及含量测算的基础上进行。

1.选择计量单位

为了准确计算每个定额项目中的工日、材料和机械台班消耗指标，并有利于简化工程量的计算工作，必须根据结构构件或者分项工程的形体特点以及变化规律，合理确定定额项目的计量单位。每一分项工程都有一定的计量单位，预算定额的计量单位根据分项工程的形体特征、变化规律或者结构组合等情况进行确定。通常来讲，当产品的长、宽、高三个度量都不固定时，应采用立方米(m^3)或吨(t)为计量单位；当两个度量变化时，应采用平方米(m^2)为计量单位；当产品的截面大小基本固定时，则应采用米(m)为计量单位；当产品采用上述三种计量单位均不适宜时，就分别采用个、座等自然计量单位。另外，定额常采用扩大计量单位，如每$10\ m^3$、每$100\ m^2$等，以避免出现过多小于1的小数位数。预算定额的计量量及计算单位见表3.3。

表 3.3　预算定额的计量量及计算单位

计　量　量		单　　位
长度		厘米(cm)、米(m)、公里(km)
面积		平方毫米(mm²)、平方厘米(cm²)、平方米(m²)
体积或者容积		立方米(m³)、升(L)
质量		千克(kg)、吨(t)
人工		工日,取两位小数
材料单价		元,取两位小数
机械台班		台班,取两位小数
主要材料及半成品	木材	立方米(m³),取三位小数
	钢材及钢筋	吨(t),取三位小数
	泥、石灰	千克(kg),取一位小数
	砂浆	立方米(m³),取两位小数
	砖砌体、混凝土	10 m³
	楼地面、天棚	100 m²

2.确定施工方法

预算定额中的工日,材料、机械台班的消耗指标,都会因施工方法的不同而受到直接影响。所以,在编制预算定额时,必须以本地区的施工(生产)技术组织条件、施工验收规范、安全技术操作规程以及已经成熟或推广的新工艺、新结构、新材料和新操作方法等作为依据,合理确定施工方法,使其能够正确反映当前社会生产力的水平。

3.计算工程量及含量测算

工程量计算应当根据已经选定的具有代表性的图纸、资料和已经确定的定额项目计量单位,按照工程量计算规则进行计算。计算中要特别注意预算定额项目的工程内容范围及其综合的劳动者定额各个项目在其已经确定的计量单位中所占的比例,这就是含量测算。它需要经过若干份施工图纸的测算和部分现场调查后再综合确定。

4.确定人工、材料、机械台班消耗指标

(1)人工消耗指标的确定

1)人工消耗指标的组成。预算定额中的人工消耗指标包括一定计量单位的分项工程所必需的各种用工,由两部分组成,分别为基本工和其他工。

①基本工。基本工是指完成某个分项工程所需要的主要用工,在定额中通常以不同的工种分别列出。另外,它还包括属于预算定额项目工程内容范围内的一些基本用工。

②其他工。其他工是指辅助基本用工消耗的工日。按其工作内容的不同又可以分为以下三类:

a.人工幅度差用工。人工幅度差用工是指在劳动定额中未包括的,而在一般正常施

工情况下又不可避免的,但无法计量的用工。其内容包括以下几部分:

(a)在正常施工组织条件下,施工过程中各工种间的工序搭接以及土建工程与水电工程之间的交叉配合所需要的停歇时间。

(b)场内施工机械,在单位工程之间变换位置以及临时水电线路的移动所引起的停歇时间。

(c)工程检查以及隐蔽工程验收而影响工人的操作时间。

(d)场内单位工程操作地点的转移而影响工人的操作时间。

(e)施工过程中不可避免的少数零星用工。

b.超运距用工。超运距用工是指超过劳动定额规定的材料、半成品运距的用工。

c.辅助用工。辅助用工是指材料需要在现场加工的用工,例如筛沙子、淋石灰膏等。

2)人工消耗指标的计算。人工消耗指标的计算包括两项内容,分别为计算定额子目的用工数量和工人平均技术等级。

①定额子目用工数量的计算方法。定额子目的用工数量是根据它的工程内容范围以及综合取定的工程数值,在劳动定额相应子目的人工工日基础上,经过综合,再加上人工幅度差所计算出来的。计算公式为

$$基本工用工数量 = \sum(工序或工作过程工程量 \times 时间定额) \quad (3.39)$$
$$超运距用工数量 = \sum(超运距材料数量 \times 时间定额) \quad (3.40)$$
$$辅助工用工数量 = \sum(加工材料数量 \times 时间定额) \quad (3.41)$$
$$人工幅度差 = (基本工 + 超运距用工 + 辅助工用工) \times 人工幅度差系数 \quad (3.42)$$

②工人平均等级的计算方法。首先计算出各种用工的工资等级系数和等级总系数,然后除以汇总后用工日数求得定额项目各种用工的平均等级系数,再查对工资等级系数表,进而求出预算定额用工的平均工资等级。

(2)材料消耗指标的确定

1)预算定额材料消耗指标的组成。预算定额内的材料,按照其使用性质、用途和用量的大小可以划分为以下四类:

①主要材料。主要材料是指直接构成工程实体的材料。

②辅助材料。辅助材料也直接构成工程实体,但是是比重较小的材料。

③周转性材料。周转性材料也称工具性材料,是指施工中多次使用但并不构成工程实体的材料,例如模板、脚手架等。

④次要材料。次要材料是指量小、价值不大、不便计算的零星用材料,可以采用估算法计算,以"其他材料费"表示,单位为元。

预算定额内的材料用量是由材料的净用量和材料的损耗量组成的。

2)材料消耗指标的确定方法。材料消耗指标是在编制预算定额方案中已经确定的有关因素,例如在工程项目划分、工程内容范围、计算单位和工程量计算的基础上,首先确定出材料的净用量,然后确定材料的损耗率,计算材料的消耗量,再结合测定材料,采用加权平均方法,计算测定材料消耗指标。

3)周转性材料消耗量的确定。周转性材料是指不是一次消耗完,而是可以多次使用、反复周转的材料。在预算定额中周转性材料消耗指标分别用一次使用量和摊销量指标来

表示。一次使用量是在不重复使用的条件下的使用量,一般供申请备料和编制计划使用;而摊销量是按照多次使用,分次摊销的方法计算,定额表中是使用一次应摊销的实物量。

(3)机械台班消耗指标的确定

1)预算定额机械台班消耗指标的编制方法

①根据全国统一劳动定额中的机械台班产量编制预算定额机械台班消耗指标。

②以手工操作为主的工人班组所配备的施工机械,例如砂浆、混凝土搅拌机,垂直运输用塔式起重机,为小组配用,应当以小组产量计算机械台班。

③机动施工过程,例如机械化土石方工程、机械打桩工程、机械化运输及吊装工程所用的大型机械以及其他专用机械,应当在劳动定额中的台班定额基础上再另加机械幅度差。

2)机械幅度差

机械幅度差是指在劳动定额中未包括的,而机械在合理的施工组织条件下所必需的停歇时间。它会影响机械效率,在编制预算定额时必须考虑。其内容包括以下几部分:

①施工机械转移工作面以及配套机械互相影响损失的时间。

②在正常施工情况下,机械施工中不可避免的工序间歇时间。

③工程结尾时,工作量不饱满所损失的时间。

④检查工程质量影响机械操作的时间。

⑤临时水电线路在施工过程中移动所引起的不可避免的工序间歇时间。

⑥配合机械的人工在人工幅度差范围内的工作间歇,从而影响机械操作的时间。

机械幅度差系数,一般根据测定和统计资料来取定。如1981年国家编制预算定额规定大型机械的机械幅度差系数分别为土方机械1.25;吊装机械1.3;打桩机械1.33。其他分部工程的机械,例如木作、蛙式打夯机、水磨石机等专用机械均为1.1。

3)基本计算公式

①按工人小组产量计算。按工人小组配用的机械,应当按工人小组日产量计算预算定额内机械台班量,而不另增加机械幅度差。计算公式为

$$小组总产量 = 小组总人数 \times$$
$$\sum 分项计算取定的比重(劳动定额每工综合产量) \qquad (3.43)$$
$$分项定额机械台班使用量 = 预算额项目计量单位值/小组总产量 \qquad (3.44)$$

②按机械台班产量计算。

$$总产量 = (预算定额项目计量单位值 \times 机械幅度差系数)/机械台班产量 \qquad (3.45)$$

在确定定额项目的用工、用料和机械台班三项指标的基础上,分别根据人工日工资单价、材料预算价格和机械台班费,计算出定额项目的人工费、材料费、施工机械台班使用费,然后再汇总成定额项目的基价,组成完整的定额项目表。

3.3.7　风景园林工程预算定额的应用

风景园林工程预算定额是编制施工图预算、招标标底、签订承包合同、考核工作中成本、进行工程结算和拨款的主要依据。

理解风景园林工程预算定额的总说明、分部工程说明以及附录、附表的规定和说明,

掌握风景园林工程预算定额的编制原则、适用范围,编制依据、分部分项工程内容范围。学习定额项目表中各栏所包括的内容、计量单位、各定额项目所代表的一种结构或者构造的具体做法以及允许调整换算的范围和方法。正确理解和熟记建筑面积和各分部分项工程量的计算规则。只有在正确理解熟记上述内容的基础上,才能正确运用风景园林工程预算定额,从而做好有关的各项工作。在应用风景园林工程预算定额时,通常会遇到以下三种情况:定额的套用、换算和补充。在具体操作过程中,应视实际情况灵活运用。

1.定额的套用

定额的套用分两种情况,即直接套用和套用相应定额子目。其共同特点是不需要自己换算调整和补充,直接使用定额项目的人工、材料和机械台班以及资金的各项指标来编制预算和进行工料分析。

(1)直接套用

当工程项目的设计要求与定额项目的内容一致时,可以直接套用定额的预算基价和工料消耗量计算该分项工程的直接费和工料需用量。在选择套用定额项目时,应注意将工程项目的设计要求、材料做法和技术特征如材料规格等,与拟套的定额项目的工程内容及统一规定进行仔细核对,两者一致时可直接套用。

(2)相应定额项目的套用

相应定额项目的套用仍属于直接套用的性质,但应注意按照定额的说明规定套用相应子目。

2.定额的换算

当工程项目的设计要求与定额项目的内容和条件不完全一致时,不能直接套用,应根据定额的规定进行换算。应严格根据定额总说明和分部说明中所规定的换算范围和方法执行。

换算可以分为砂浆换算、砼的换算、木材材积换算、吊装机械换算,塔机综合利用换算、系数换算和其他换算等情况。

(1)砂浆标号及单价的换算

砂浆的品种、标号较多,单价不一,编制预算定额时只将其中的一种砂浆和单价列入定额。当设计要求采用其他砂浆标号时,价格可以换算,但用量不得调整。计算公式为

$$换算后预算价值 = 定额中预算价值 +$$
$$(换入的单价 - 换出的单价)(换算材料的定额用量) \tag{3.46}$$

(2)系数换算

系数换算是指为了使定额项目满足不同需要,对定额项目的人工、机械乘以规定的系数来调整定额的人工费和机械费,进而调整定额单价适应设计要求和条件的变化。在使用时要严格按照定额规定的系数换算,要区分定额换算系数和工程量系数,还要注意在什么基数上乘系数。

(3)常用的定额换算

①运距换算。在预算定额中的各种项目运输定额,一般分为两种,即基本定额和增加定额,超过基本运距时另行计算。

②断面换算。预算定额中取定的构件断面,是根据不同的设计标准,通过综合加权计算确定,如果设计断面与定额中取定的不相符时,应当按照预算定额规定进行换算。

③标号换算。当设计与预算定额中的标号不同时,允许换算的有砖石工程的砌筑砂浆标号,楼地板面的抹灰砂浆标号,混凝土及混凝土标号。

④厚度换算。例如面层抹灰厚度,基本厚度和增加厚度两子目。

⑤质量换算。例如钢筋混凝土含钢量与设计不同时,应当按照施工规定的用量进行调整。

(4)其他换算方法。其方法与前述方法一致,即以定额规定为准,与实际数据比较后做调整。

3.预算定额项目不完全价格的补充

定额项目的综合单价由人工费、材料费和机械费组成。其中材料费中,由于某种材料,成品、半成品规格、型号较多,单价不一等原因,在定额项目表中只列出其数量,不列出单价,从而致使材料费合价因缺某项材料,成品、半成品单价,而造成综合单价变成不完全价格。所以,在定额项目表中,应对没有列入、留有缺口的材料,成品、半成品的单价,在项目表的单价栏内用空白括号表示,并对由此形成的不完全的材料合价和总价也分别加上括号表示,以引起使用者注意。

对于列有不完全价格的定额项目,应当按照定额总说明第七条的规定补充缺项的材料、成品、半成品预算价格后再使用。计算公式为

补充后的定额项目的完全预算价值 = 定额相应子目的不完全预算价值 +

缺项的材料(或成品、半成品)的预算价格 × 相应的材料(或成品、半成品)的定额用量

$$(3.47)$$

4.计算实例

【**示例3.3**】　某公园凉亭现浇 C10 毛石混凝土带型基础 6.365 m³,求完成该分项工程的直接费及主要材料消耗量。

【解】定额编号为 230,则

分项工程直接费/元 = 预算基价 × 工程量 = 977.43 × 6.365 = 6 221.34

材料消耗量 = 定额规定的耗用量 × 工程量

水泥 425 # /kg: 1 913 × 6.365 = 12 176.25

中砂/m³: 4.08 × 6.365 = 25.97

砾石 20 – 80/m³: 8.5 × 6.365 = 54.10

毛石/m³: 2.96 × 6.365 = 18.84

模板摊销费/元: 128.44 × 6.362 = 817.52

【**示例3.4**】　某 5 层砖混结构建筑,直形墙上现浇 200 号钢筋混凝土圈梁(石子粒径 0.5 ~ 3.2 cm 以内),按工程量计算规则计算出工程量为 15 m³,试计算其工、料、机直接费和其中人工费,并进行工料分析。

【解】　查定额表得,定额是每 10 m³ 圈梁的预算价值为 1 275.20 元,是不完全价格,其中缺 200 号混凝土定额用量 10.15 m³ 的预算价值,按规定应补充价值后使用。

每 10 m³ 200 号混凝土圈梁完全预算价值/元 = 1 275.2 + 44.95 × 10.15 = 1 731.44

查定额附录一《普通混凝土配合比表》得,200 号混凝土单价为 44.95 元/m³,则

工程项目的直接费合计/元 = 1 731.44 × 1.5 = 2 597.16

其中人工费/元 = 131.91 × 1.5 = 197.86

工料分析,查表后计算总用工、材料消耗量。

3.4　风景园林工程概算定额和概算指标

3.4.1　概算定额的概念

概算定额又称"扩大结构定额"或者"综合预算定额"。

概算定额是以扩大分项工程或扩大结构构件为对象编制的,计算和确定劳动、机械台班和材料消耗量所使用的定额,也是一种计价性定额。概算定额是编制扩大初步设计概算、确定建设项目投资额的依据。概算定额的项目划分粗细,与扩大初步设计的深度相适应,一般是在预算定额的基础上综合扩大而成的,每一综合分项概算定额都包含了数项预算定额。

3.4.2　概算定额的作用

(1)概算定额是编制工程主要材料申请计划的基础。

(2)概算定额是编制概算指标的计算基础。

(3)概算定额是进行设计方案技术经济比较和选择的依据。

(4)概算定额是在扩大初步设计阶段编制概算,以及在技术设计阶段编制修正概算的主要依据。

(5)概算定额是工程结束后,进行竣工决算的依据。

(6)概算定额是招标投标工程中编制标底和标价的依据。

(7)概算定额是确定基本建设项目投资额、编制基本建设计划、实行基本建设大包干、控制基本建设投资和施工图预算造价的依据。

3.4.3　概算定额的内容

概算定额表达的主要内容、主要方式及基本使用方法都与综合预算定额相近。概算定额的内容包括文字说明和定额项目表两部分。

(1)文字说明部分

文字说明部分包括总说明和各章节说明。在总说明中主要有概算定额的编制依据,定额的内容和作用,适用范围以及应遵守的规定,建筑面积计算规则,还有各章节共同性的问题。分章说明主要包括本章的综合工作内容以及工程量计算规则等,还有所包括的定额项目和工程内容等。

(2)定额项目表

1)定额项目的划分。概算定额项目一般按以下两种方法进行划分。

①按工程结构划分。一般是按土石方、基础、墙、梁柱、门窗、楼地面、屋面、装饰和构筑物等工程结构划分。

②按工程部位(分部)划分。一般是按基础、墙体、梁柱、楼地面、屋盖和其他工程部位等划分,例如基础工程中包括了砖、石、砼基础等项目。

2)定额项目表。定额项目表由若干分节定额组成。各节定额由工程内容、定额表以及附注说明组成。定额表中列有定额编号、计量单位、概算价格、人工、材料和机械台班消耗量指标,综合了预算定额的若干项目与数量。

3.4.4　概算定额的编制

1.概算定额的编制依据和原则

(1)概算定额的编制依据

概算定额是由国家主管机关或授权机关编制的,编制时必须依据以下几点:

1)现行的设计标准及规范,施工及验收规范。

2)现行的建筑安装工程预算定额和劳动定额。

3)经批准的设计标准和有代表性的设计图纸等。

4)人工工资标准、材料预算价格和机械台班费用等。

5)过去颁发以及现行的概算定额和预算定额。

6)相关的施工图预算或工程决算等经济资料。

(2)概算定额的编制原则

概算定额和预算定额一样都是确定建筑产品价格的依据,所以确定预算定额水平的原则同样适用于概算定额。但由于概算定额是在预算定额的基础上综合扩大的,所以允许概算定额与预算定额水平之间有一个幅度差,一般应控制在5%以内,以便依据概算定额编制的设计概算能起到控制投资的作用。

同样,概算定额项目划分,也要要贯彻简明适用的原则。概算定额项目应在保证一定准确性的前提下,以预算定额项目作为基础,进行适当的综合扩大,其项目的粗细程度与初步设计的深度相适应,同时还要考虑应用电子计算机编制概算的要求。总而言之,应使概算定额简明易懂,项目齐全,粗细适度,计算简单并且准确可靠。

2.概算定额的编制步骤和方法

概算定额的编制步骤一般分为三个阶段,分别是准备工作阶段、编制概算定额初稿阶段和审定稿阶段。

(1)准备阶段

准备阶段的主要工作是确定编制定额的机构和人员组成,进行调查研究,了解现行概算定额的执行情况和存在的问题,明确编制的目的,制定概算定额的编制方案遗迹确定要编制概算定额的项目。

(2)编制初稿阶段

编制概算定额初稿阶段的主要工作是根据所制定的编制方案和定额项目,在收集和整理、分析各种编制依据和测算资料的基础上,根据选定的有代表性的工程图纸计算出工程量。套用预算定额中的人工、材料和机械消耗量,再用加权平均计算出概算项目的人工、材料和机械消耗指标并计算出概算基价。

(3)审查定稿阶段

审查定稿阶段的主要工作是将概算定额和预算定额水平进行测算,以保证两者在水平上的一致性。如果与预算定额水平不一致或者幅度差不合理,就要对概算定额做必要的修改,定稿审批后颁发执行。

3.4.5　概算指标的概念

概算指标是指以每 100 m^2 建筑物面积或每 1 000 m^3 建筑物体积(如是构筑物,则以座为单位)为对象,确定其所需消耗的活劳动与物化劳动的数量限额。

概算定额与概算指标的区别有以下两点:

(1)确定各种消耗量指标的对象不同

概算定额是以单位扩大分项工程或单位扩大结构构件作为对象的,而概算指标是以整个建筑物(如 100 m^2 或 1 000 m^3 建筑物)和构筑物(如座)作为对象的。可以看出,概算指标比概算定额更加综合与扩大。

(2)确定各种消耗量指标的依据不同

概算定额是以现行预算定额作为基础,通过计算后才综合确定出各种消耗量指标,而概算指标中是通过各种预算或结算资料来确定各种消耗量指标的。

3.4.6　概算指标的作用

(1)概算指标在设计深度不够的情况下,往往用来编制初步设计概算。

(2)概算指标是设计单位进行设计方案比较以及分析投资经济效果的尺度。

(3)概算指标是建设单位确定工程概算造价、申请投资拨款、编制基本建设计划以及申请主要材料的依据。

3.4.7　概算指标的内容及表现形式

1.概算指标的内容

(1)总说明

总说明包括概算指标的用途、编制依据、适用范围以及工程量计算规则及其他。

(2)经济指标

经济指标包括造价指标和人工、材料消耗指标。

(3)结构特征说明

其工程量指标可以作为不同结构进行换算的依据。

(4)建筑物结构示意图

概算指标在具体内容的表示方法上,分综合指标与单项指标两种形式。综合指标是按照工业与民用建筑按结构类型分类的一种概括性比较大的指标。单项指标则是一种以典型的建筑物或构筑物为分析对象的概算指标。

2.概算指标的表现形式

概算指标的表现形式分为为两种,即综合概算指标和单项概算指标。

(1)综合概算指标

综合概算指标是指按工业或民用建筑及其结构类型而制定的概算指标。综合概算指标的概括性较大,其准确性、针对性不如单项指标。

(2)单项概算指标

单项概算指标,是指为某种建筑物或构筑物而编制的概算指标。单项概算指标的针对性较强,所以指标中对工程结构形式要作介绍。只要工程项目的结构形式及工程内容与单项指标中的工程概况相吻合,则编制出的设计概算就比较准确。

3.4.8　概算指标的编制

概算指标编制同样也划分为准备工作、编制工作和复核送审三个阶段。概算指标构成的数据主要来自各种工程预算和决算资料,是用各种有关数据经过整理分析、归纳计算得到的。例如每平方米的造价指标,就是根据该工程的全部预算(决算)价值被其相应的建筑面积去除而得到的数值。

3.5　风景园林工程定额计价工程量计算规则

3.5.1　风景园林工程概述

多个基本的分项工程构成一个完整的园林建设工程项目。为了便于对工程进行管理,使工程预算项目与预算定额中的项目相一致,必须对工程项目进行划分。风景园林工程项目一般可按以下方式进行划分:

(1)建设工程总项目

建设工程总项目是指在一个或数个场地上,按照一个总体设计进行施工的各个工程项目的总和,例如一个公园或者游乐园都是一个工程总项目。

(2)单项工程

单项工程是指在一个工程项目中,具有独立的设计文件,竣工后可以独立发挥生产能力或者工程效益的工程。单项工程是工程项目的组成部分,一个工程项目中既可以有几个单项工程,也可以只有一个单项工程,例如一个公园里的入口大门、附属建筑、餐厅以及茶馆等。

(3)单位工程

单位工程是指具有单列的设计文件,可以独立施工,但不能单独发挥作用的工程。单位工程是单项工程的组成部分,例如茶室工程中的给排水工程以及照明工程等。

(4)分部工程

分部工程是指按照单位工程的各个部位或使用不同的工种、材料和施工机械进行划分的工程项目。分部工程是单位工程的组成部分。例如一般土建工程可以划分为土石方、砖石、混凝土及钢筋混凝土、木结构及装修、屋面等分部工程。

(5)分项工程

分项工程是指分部工程中按照施工方法的不同,材料的不同、规格的不同等因素进行划分的最基本的工程项目。

园林工程可以划分为 4 个分部工程,即风景园林工程、堆砌假山及塑山工程、园路及园桥工程以及园林小品工程。

风景园林工程中分有 21 个分项工程,即整理绿化及起挖乔木(带土球)、栽植乔木(带土球)、起挖乔木(裸根)、栽植乔木(裸根)、起挖灌木(带土球)、栽植灌木(带土球)、起挖灌木(裸根)、栽植灌木(裸根)、起挖竹类(散生竹)、栽植竹类(散生竹)、起挖竹类(丛生竹)、栽植竹类(丛生竹)、栽植绿篱、露地花卉栽植、草皮铺种、栽植水生植物、树木支撑、草绳绕树干、栽种攀缘植物、假植、人工换土。

堆砌假山及塑山工程分有 2 个分项工程,即堆砌石山和塑假石山。

园路及园桥工程分有 2 个分项工程,即园路和园桥。

园林小品工程分有 2 个分项工程,即堆塑装饰和小型设施。

各分项工程根据所使用的材料、施工方法等的不同,可划分为若干子目,每个子目都有一个编号。

3.5.2　绿化工程定额计价工程量计算规则

1.有关规定

(1)各种植物材料在运输、栽植过程中的合理损耗率为乔木、果树、花灌木、常绿树为1.5%;绿篱、攀缘植物为2%;草坪、木本花卉、地被植物为4%;草花为10%。

(2)绿化工程,新栽树木浇水以 3 遍为准,浇齐 3 遍水即为工程结束。

(3)相关名词的解释。

1)胸径。胸径是指距地面 1.3 m 处的树干的直径。

2)苗高。苗高是指从地面起到顶梢的高度。

3)冠径。冠径是指展开枝条幅度的水平直径。

4)条长。条长是指攀缘植物,从地面起到顶梢的长度。

5)年生。年生是指从繁殖时起到掘苗时止的树龄。

2.绿化工程准备工作工程量计算

(1)准备工作的内容

1)勘察现场。绿化工程施工前需对现场调查,对架高物、地下管网、各种障碍物以及水源、地质、交通等状况做全面的了解,并做好施工安排或者施工组织设计。

2)清理绿化用地。人工整理绿化用地是指绿化工程前的地坪整理工作。其内容包括简单清理现场、土厚在 ±30 cm 之内的挖、填、找平,按设计标高整理地面,渣土集中,装车外运。

①人工平整。人工平整是指地面凹凸高差在 ±30 cm 以内的就地挖填找平,凡高差超出 ±30 cm 的,每 10 cm 增加人工费 35%,不足 10 cm 的按 10 cm 计算。

②机械平整场地。不论地面凹凸高差多少,一律执行机械平整。

(2)工程量计算规则

1)勘察现场。以植株计算:灌木类以每丛折合 1 株,绿篱每 1 延长米折合一株,乔木不分品种规格一律按株计算。

2)拆除障碍物。视实际拆除体积以立方米(m³)计算。

3)平整场地。按设计供栽植的绿地范围以平方米(m²)计算。

3.植树工程工程量计算

(1)有关规定

1)栽植工程一般包括绿化种植前的准备工作;苗木的栽植工作;苗木栽植后一个月以内的养护管理工作;绿化施工后包括外围 2m 以内的垃圾清理工作等内容。

2)园林工程中的土壤大致分为四类:一类土为松软土、二类土为普通土、三类土为坚土、四类土为沙砾坚土。

3)相关名词解释。

①乔木。乔木是指树体高大(在 5 m 以上),具有明显树干的树木。例如银杏、雪松等。

②灌木。灌木是指树体矮小(在 5 m 以下),无明显主干或主干甚短。例如连翘、金银木、月季等。

③藤本类。藤本类是指能攀附它物而向上生长的蔓性植物,多借助吸盘(如地锦等)、附根(如凌霄等)、卷须(如葡萄等)、蔓条(如爬蔓月季等)以及干茎本身的缠绕性而攀附它物(如紫藤等)。

④匍匐类。干、枝均匍地而生,例如铺地柏等。

⑤草本花卉。草本花卉是指花、草的茎部为比较柔软的草质。例如一串红、百日草、三色草等。

⑥木本花卉。木本花卉是指花木的茎部为比较坚硬的木质。例如牡丹、夹心桃、扶桑等。

(2)工程量计算规则

乔木胸径在 3～10 cm 以内,常绿树高度在 1～4 m 以内;大于以上规格的按大树移植处理。

1)刨树坑。以个计算,刨绿篱沟以延长米计算,刨绿带沟以立方米(m³)计算。

2)原土过筛。按筛后的好土以立方米(m³)计算。

3)土坑换土。以实挖的土坑体积乘以系数 1.43 计算。

4)施肥、刷药、涂白、人工喷药、栽植支撑等项目的工程量。均按植物的株数计算,其他均以平方米(m²)来计算。

5)植物修剪、新树浇水的工程量。除绿篱以延长米计算外,树木均按株数计算。

6)清理竣工现场。每株树木(不分规格)按 5 m² 计算,绿篱每延长米按 3 m² 计算。

7)盲管工程量。接管道中心线全长以延长米计算。

4.花卉种植与草坪铺栽工程量计算

(1)有关规定

1)一、二年生花卉。一、二年生花卉是指个体发育在一年内完成或二年度才能完成的一类草本观赏植物。例如鸡冠花、百日草、三色草等。

2)宿根花卉。宿根花卉是指开花、结果后,冬季整个植株或仅地下部分能安全越冬的一类草本观赏植物。它又包括落叶宿根花卉和常绿根花卉。

3)木本花卉。木本花卉是专指具有木质化干枝的多年生观赏花卉。例如月季、牡丹等。

(2)工程量计算规则

每 1 m² 栽植数量按:草花 25 株;木本花卉 5 株;植根花卉草枯 9 株、木本 5 株。

5 大树移植工程工程量计算

(1)有关规定

1)凡珍贵树种或者胸径在 25 mm 以上的落叶乔木,树高在 6 m 以上的常绿乔木进行的移植,称为大树移植。

2)在定额中不含大树移植专项,做预算时按照普通苗木投标。但其所需增加人工、材料、设备及技术措施费用等均另行计算。

3)大树移植工程量计算是人工、机械综合取定考虑,不管采用何种方式移植,既不予增加人工费,也不扣除机械费。

(2)工程量计算规则

1)大树移植包括大型乔木移植和大型常绿树移植两部分,每部分又分带土台和装木箱两种。

2)大树移植的规格,乔木以胸径 10 cm 以上为起点,分 10 ~ 15 cm、15 ~ 20 cm、20 ~ 30 cm、30 cm 以上 4 个规格。

3)浇水系按自来水考虑,为 3 遍水的费用。

4)所用吊车、汽车按不同规格计算。

5)工程量按移植株数计算。

6.绿化养护工程工程量计算

(1)有关规定

本分部为应甲方要求或者委托乙方继续管理时的执行定额。

1)乔木浇透水 10 次,常绿树木 6 次,花灌木浇透水 13 次,花卉每周浇透水 1 ~ 2 次。

2)中耕除草:乔木 3 遍,花灌木 6 遍,常绿树木 2 遍;草坪除草可按草种不同修剪 2 ~ 4 次,草坪清杂草应随时进行。

3)喷药:乔木、花灌木、花卉 7 ~ 10 遍。

4)打芽及定型修剪:落叶乔木 3 次,常绿树木 2 次,花灌木 1 ~ 2 次。

5)喷水:移植大树浇水适当喷水,常绿类 6 ~ 7 月份共喷 124 次,植保用农药化肥随浇水执行。

(2)工程量计算规则

乔灌木以株计算;绿篱以延长米计算;花卉、草坪、地被类以平方米(m²)计算。

3.5.3 园路、园桥、假山工程定额计价工程量计算规则

1.园路工程工程量计算规则

(1)园路工程量的计算

1)园路土基整理路床的工作内容包括厚度在 30 cm 以内,挖、填土、找平、夯实、整修、弃土 2 m 以外。园路土基整理路床的工程量按路床的面积计算,计量单位为 10 m²。

2)园路垫层的工作内容包括筛土、浇水、拌和、铺设、找平、灌浆、捣实、养护。园路垫层的工程量按不同垫层材料,以垫层的体积计算,计量单位为 m³。垫层计算宽度应比设计宽度大 10 cm,即两边各放宽 5 cm。

3)园路面层的工作内容包括放线、整修路槽、夯实、修平垫层、调浆、铺面层、嵌缝、清扫。园路面层工程量按不同面层材料、厚度、以园路面层的面积计算,计量单位为 10 m²。

(2)甬路工程量的计算

庭院甬路的工作内容包括园林建筑及公园绿地内的小型甬路、路牙、侧石等工程。安装侧石、路牙适用于园林建筑及公园绿地、小型甬路。定额中不包括刨槽、垫层及运土,可按相应项目定额执行。堑砌侧石、路缘、砖、石及树穴是按 1:3 白灰砂浆铺底和 1:3 水泥砂浆勾缝考虑的。侧石、路缘、路牙按实铺尺寸以延长米计算。

2.园桥工程量计算规则

(1)园桥的毛石基础、条石桥墩的工程量按其体积计算,计量单位为 m³。

(2)园桥的桥台、护坡的工程量按不同石料(毛石或条石),以其体积计算,计量单位为 m³。

(3)园桥的石桥面的工程量按其面积计算,计量单位为 10 m²。

3.假山工程工程量计算规则

(1)假山工程量计算方法

假山工程量一般以设计的山石实用吨位数为基数来推算,并以工日数表示。假山采用的山石种类不同、假山造型不同、假山砌筑方式不同,这些都要影响工程量。由于假山工程的变化因素太多,每工日的施工定额也不容易统一,所以准确计算工程量有一定难度。根据十几项假山工程施工资料统计的结果,其中包括放样、选石、配制水泥砂浆及混凝土、吊装山石、堆砌、刹垫、搭拆脚手架、抹缝、清理及养护等全部施工工作在内的山石施工平均工日定额,在精细施工条件下,应为 0.1 ~ 0.2 t/工日,在大批量粗放施工情况下,应为 0.3 ~ 0.4 t/工日。

假山工程量计算公式为

$$W = AHRK_n \tag{3.48}$$

式中　W—— 石料质量,t;

　　　A—— 假山平面轮廓的水平投影面积,m²;

　　　H—— 假山差地点至最高顶点的垂直距离,m;

　　　R—— 石料比重,黄(杂)石为 2.6 t/m³,湖石为 2.2 t/m³;

　　　K_n—— 折算系数,高度在 2 m 以内 $K_n = 0.65$,高度在 4 m 以内 $K_n = 0.54$。

(2)景石、散点石工程量计算方法

景石是指不具备山形但以奇特的形状为审美特征的石质观赏品。散点石是指无呼应联系的一些自然山石分散布置在草坪、山坡等处,主要起点缀环境和烘托野地氛围的作用。

景石、散点石的工程量计算公式为

$$W_单 = LBHR \qquad (3.49)$$

式中　　$W_单$ —— 山石单体质量,t;

　　　　L—— 长度方向的平均值,m;

　　　　B—— 宽度方向的平均值,m;

　　　　H—— 高度方向的平均值,m;

　　　　R—— 石料比重。

(3)堆砌假山工程量的计算

1)堆砌湖石假山、黄石假山、整块湖石峰、人造湖石峰、人造黄石峰以及石笋安装以及土山点石的工程量均按不同山、峰高度,以堆砌石料的质量计算,计量单位为 t。

2)布置景石的工程量按不同单块景石,以布置景石的质量计算,计量单位为 t。

3)自然式护岸的工程量按护岸石料质量计算,计量单位为 t。

4)堆砌假山石料质量 = 进场石料验收质量 – 剩余石料质量。

(4)塑假石山工程量的计算

1)砖骨架塑假山的工程量按不同高度,以塑假石山的外围表面积计算,计量单位为 $10~m^2$。

2)钢骨架钢网塑假山的工程量按其外围表面积计算,计量单位为 $10~m^2$。

3.5.4　园林景观工程定额计价工程量计算规则

1.园林土方工程工程量计算规则

(1)工程量除注明者之外,均按图示尺寸以实体积计算。

(2)挖土方:凡平整场地厚度在 30 cm 以上,槽底宽度在 3 m 以上和坑底面积在 20 m^2 以上的挖土,均按挖土方计算。

(3)挖土槽:凡槽宽在 3 m 以内,槽长为槽宽 3 倍以上的挖土,按挖地槽计算。外墙地槽长度按其中心线长度计算,内墙地槽长度以内墙地槽的净长计算,宽度按图示宽度计算,突出部分挖土量应予以增加。

(4)挖地坑:凡挖土底面积在 20 m^2 以内,槽宽在 3 m 以内,槽长小于槽宽 3 倍者均按挖地坑计算。

(5)挖土方、地槽、地坑的高度,按室外自然地坪至槽底计算。

(6)挖管沟槽,按规定尺寸计算,槽宽如无规定者可按表 3.4 计算,沟槽长度不扣除检查井,检查井的突出管道部分的土方也不予增加。

表3.4　管沟底宽度

管径/mm	铸铁管、钢管、石棉水泥管	混凝土管、钢筋混凝土管	缸瓦管	附　　注
50～75	0.6	0.8	0.7	（1）本表为埋深在1.5 m以内沟槽底宽度，单位：m。
100～200	0.7	0.9	0.8	
250～350	0.8	1.0	0.9	（2）当深度在2 m以内，有支撑时，表中数值适当增加0.1 m。
400～450	1.0	1.3	1.1	
500～600	1.3	1.5	1.4	（3）当深度在3 m以内，有支撑时，表中数值适当增加0.2 m。

（7）平整场地系指厚度在±30 cm以内的就地挖、填、找平，其工程量按建筑物的首层建筑面积计算。

（8）回填土、场地填土，分松填和夯填，以立方米（m³）计算。挖地槽原土回填的工程量，可按地槽挖土工程量乘以系数0.6计算。

1）满堂红挖土方，其设计室外地坪以下部分如采用原土者，则不计取原土价值的措施费和各项间接费用。

2）大开槽四周的填土，按回填土定额执行。

3）地槽、地坑回填土的工程量，可按地槽地坑的挖土工程量乘以系数0.6计算。

4）管道回填土按挖土体积减去垫层和直径大于500 mm（包括500 mm本身）的管道体积计算，管道直径小于500 mm的可不扣除其所占体积，管道在500 mm以上的应减除的管道体积，可按表3.5计算。

5）用挖槽余土作填土时，应套用相应的填土定额，结算时应减除其利用部分的土的价值，但措施费和各项间接费不予扣除。

表3.5　每米管道应减土方量

管道种类	减土方量/m²					
	管径/mm					
	500～600	700～800	900～1 000	1 100～1 200	1 300～1 400	1 500～1 600
钢管	0.24	0.44	0.71	—	—	—
铸铁管	0.27	0.49	0.77	—	—	—
钢筋混凝土管及缸瓦管	0.33	0.60	0.92	1.15	1.35	1.55

2.园林砖石工程工程量计算规则

（1）一般规定

1）砌体砂浆强度等级为综合强度等级，编排预算时不得调整。

2）砌墙综合了墙的厚度，划分为外墙、内墙。

3）砌体内采用钢筋加固者，按设计规定的质量，套用"砖砌体加固钢筋"定额。

4）檐高是指由设计室外地平至前后檐口滴水的高度。

(2)工程量计算规则

1)标准砖墙体厚度按表 3.6 计算。

表 3.6　标准砖墙体计算厚度

墙体	1/4	1/2	3/4	1	1.5	2	2.5	3
计算厚度/mm	53	115	180	240	365	490	615	740

2)基础与墙身的划分。砖基础与砖墙以设计室内地平为界,设计室内地平以下为基础、以上为墙身,如墙身与基础为两种不同材料时则以材料为分界线。砖围墙以设计室外地平为分界线。

3)外墙基础长度,按外墙中心线计算。内墙基础长度,按内墙净长计算,墙基大放脚重叠处因素已综合在定额内;突出墙外的墙垛的基础大放脚宽出部分不予增加,嵌入基础的钢筋、铁杆、管件等所占的体积不予扣除。

4)砖基础工程量不扣除 0.3 m² 以内的孔洞,基础内混凝土的体积应扣除,但砖过梁应另列项目计算。

5)基础抹隔潮层按实抹面积计算。

6)外墙长度按外墙中心线长度计算,内墙长度按内墙净长计算。女儿墙工程量应并入外墙计算。

7)计算实砌砖墙身时,应扣除门窗洞口(门窗框外围面积)、过人洞空圈、嵌入墙身的钢筋砖柱、梁、过梁、圈梁的体积,但不扣除每个面积在 0.3 m² 以内的孔洞梁头、梁垫、檩头、垫木、木砖、砌墙内的加固钢筋、墙基抹隔潮层等及内墙板头压 1/2 墙者所占的体积。突出墙面窗台虎头砖、压顶线、门窗套、三皮砖以下的腰线、挑檐等体积也不予增加。嵌入外墙的钢筋混凝土板头已在定额中考虑,计算工程量时,不再扣除。

8)墙身高度从首层设计室内地平算至设计要求高度。

9)砖垛,三皮砖以上的檐槽,砖砌腰线的体积,并入所附的墙身体积内计算。

10)附墙烟囱(包括附墙通风道、垃圾道)按其外形体积计算,并入所依附的墙体积内,不扣除每一孔洞横断面积在 0.1 m² 以内的体积,但孔洞内的抹灰工料也不予增加。如每一孔洞横断面积超过 0.1 m² 时,应扣除孔洞所占体积,孔洞内的抹灰应另列项目计算。如砂浆强度等级不同时,可按相应墙体定额执行。附墙烟囱如带缸瓦管、除灰门以及垃圾道带有垃圾道门、垃圾斗、通风百叶窗、铁算子以及钢筋混凝土预制盖等,均应另列项目计算。

11)框架结构间砌墙,分为内、外墙,以框架间的净空面积乘墙厚度按相应的砖墙定额计算,框架外表面镶包砖部分也应并入框架结构间砌墙的工程量内一并计算。

12)围墙以立方米(m³)计算,按相应外墙定额执行,砖垛和压顶等工程量应并入墙身内计算。

13)暖气沟及其他砖砌沟道不分墙身和墙基,其工程量合并计算。

14)砖砌地下室内外墙身工程量与砌砖计算方法相同,但基础与墙身的工程量合并计算,按相应内外墙定额执行。

15)砖柱不分柱身和柱基,其工程量合并计算,按砖柱定额执行。

16)空花墙按带有空花部分的局部外形体积以立方米(m^3)计算,空花所占体积不扣除,实砌部分另按相应定额计算。

17)半圆旋按图示尺寸以立方米(m^3)计算,按相应定额执行。

18)零星砌体定额适用于厕所蹲台、小便槽、水池腿、煤箱、垃圾箱、台阶、台阶挡墙、花台、花池、房上烟囱,阳台隔断墙、小型池槽及楼梯基础等,以立方米(m^3)计算。

19)炉灶按外形体积以立方米(m^3)计算,不扣除各种空洞的体积,定额中只考虑了一般的铁件及炉灶台面抹灰,如炉灶面镶贴块料面层者应另列项目计算。

20)毛石砌体按图示尺寸,以立方米(m^3)计算。

21)砌体内通风铁算的用量按设计规定计算,但安装工已包括在相应定额内,不另计算。

3.园林混凝土及钢筋混凝土工程工程量计算规则

(1)一般规定

1)混凝土及钢筋混凝土工程预算定额是综合定额,其中包括模板、钢筋和混凝土各工序的工料及施工机械的耗用量。模板、钢筋不需单独计算。如与施工图规定的用量另加损耗后的数量不同,可按实调整。

2)定额中模板按木模板、工具式钢模板、定型钢模板等综合考虑的,实际采用模板不同时,不得换算。

3)钢筋按手工绑扎,部分焊接及点焊编制的,实际施工与定额不同时,不得换算。

4)混凝土设计强度等级与定额不同时,应以定额中选定的石子粒径,按相应的混凝土配合比换算,但混凝土搅拌用水不换算。

(2)工程计算规则

1)混凝土和钢筋混凝土。

以体积为计算单位的各种构件,均根据图示尺寸以构件的实体积计算,不扣除其中的钢筋、铁件、螺栓和预留螺栓孔洞所占的体积。

2)基础垫层。

混凝土的厚度 12 cm 以内者为垫层,按基础定额执行。

3)基础。

①带形基础。凡在墙下的基础或柱与柱之间与单独基础相连接的带形结构,都统称为带形基础。与带形基础相连的杯形基础,按杯形基础定额执行。

②独立基础。独立基础包括各种形式的独立柱和柱墩,独立基础的高度按图示尺寸计算。

③满堂基础。底板定额适用于无梁式和有梁式满堂基础的底板。有梁式满堂基础中的梁、柱另按相应的基础梁或柱定额执行。梁只计算突出基础的部分,伸入基础底板部分,应并入满堂基础底板工程量内计算。

4)柱。

①柱高按柱基上表面算至柱顶面的高度

②依附于柱上的云头、梁垫的体积另列项目计算。

③多边形柱,按相应的圆柱定额执行,其规格按断面对角线长套用定额。

④依附于柱上的牛腿的体积,应并入柱身体积计算。

5)梁。

①梁的长度。梁与柱交接时,梁长应按柱与柱之间的净距计算;次梁与主梁或柱交接时,次梁的长度算至柱侧面或主梁侧面的净距;梁与墙交接时,伸入墙内的梁头应包括在梁的长度内计算。

②梁头处如有浇制垫块者,其体积应并入梁内一起计算。

③凡加固墙身的梁均按圈梁计算。

④戗梁按设计图示尺寸,以立方米(m³)计算。

6)板。

①有梁板是指带有梁的板,按其形式可分为梁式楼板、井式楼板和密肋形楼板。梁与板的体积合并计算,应扣除大于 0.3 m² 的孔洞所占的体积。

②平板是指无柱、无梁直接由墙承重的板。

③亭屋面板(曲形)是指古典建筑中的亭面板,为曲形状。其工程量按设计图示尺寸,以实体积立方米(m³)计算。

④凡不同类型的楼板交接时,均以墙的中心线划为分界。

⑤伸入墙内的板头,其体积应并入板内计算。

⑥现浇混凝土挑檐,天沟与现浇屋面板连接时,以外墙皮为分界线,与圈梁连接时,以圈梁外皮为分界线。

⑦戗翼板系指古建筑中的翘角部位,并连有摔网椽的翼角板。椽望板是指古建筑中的飞沿部位,并连有飞椽和出沿椽重叠之板。其工程量按设计图示尺寸,以实体积计算。

⑧中式屋架系指古典建筑中立贴式屋架。其工程量(包括立柱、童柱、大梁)按设计图示尺寸,以实体积立方米(m³)计算。

7)枋、桁。

①枋子、桁条、梁垫、梓桁、云头、斗拱及椽子等构件,均按设计图示尺寸,以实体积立方米(m³)计算。

②枋与柱交接时,枋的长度应按柱与柱间的净距计算。

8)其他。

①整体楼梯应分层按其水平投影面积计算。楼梯井宽度超过 50 cm 时的面积应予扣除。伸入墙内部分的体积已包括在定额内,不另计算,但楼梯基础、栏杆、栏板和扶手应另列项目套相应定额计算。

楼梯的水平投影面积包括踏步、斜梁、休息平台、平台梁以及楼梯及楼板连接的梁。

楼梯与楼板的划分以楼梯梁的外侧面为分界。

②阳台、雨篷均按伸出墙外的水平投影面积计算,伸出墙外的牛腿已包括在定额内则不再计算,但嵌入墙内的梁应按相应定额另列项目计算。阳台上的栏板、栏杆及扶手均应另列项目计算,楼梯、阳台的栏杆、栏板、吴王靠(美人靠)、挂落均按延长米计算(包括楼梯伸入墙内的部分)。楼梯斜长部分的栏板长度,可按其水平长度乘以系数 1.15 计算。

③小型构件是指单位体积小于 0.1 m³ 以内未列入项目的构件。

④古式零件是指梁垫、云头、插角、宝顶、莲花头子及花饰块等以及单件体积小于

$0.05 \mathrm{m}^3$。未列入的古式小构件。

⑤池槽按实体积计算。

9)装配式构件制作、安装、运输。

①装配式构件一律按施工图示尺寸以实体积计算,空腹构件应扣除空腹体积。

②预制混凝土板或补现浇板缝时,按平板定额执行。

③预制混凝土花漏窗按其外围面积以平方米(m^2)计算,边框线抹灰另按抹灰工程规定计算。

4.园林木结构工程工程量计算规则

(1)一般规定

1)定额中凡包括玻璃安装项目的,其玻璃品种及厚度均为参考规格,如实际使用的玻璃品种及厚度与定额不同时,玻璃厚度及单价应按实调整,但定额中的玻璃用量不变。

2)凡综合刷油者,定额中除在项目中已注明者之外,均为底油一遍,调和漆二遍,木门窗的底油包括在制作定额中。

3)一玻一纱窗,不分纱扇所占的面积大小,均按定额执行。

4)木墙裙项目中已包括制作安装踢脚板在内,不另计算。

(2)工程量计算规则

1)定额中的普通窗适用于平开式、上、中、下悬式,中转式及推拉式,均按框外围面积计算。

2)定额中的门框料是按无下坎计算的,如设计有下坎时,按相应"门下坎"定额执行,其工程量按门框外围宽度以延长米计算。

3)各种门如亮子或门扇安纱扇时,纱门扇或纱亮子按框外围面积另列项目计算,纱门扇与纱亮子以门框中坎的上皮为界。

4)木窗台板按平方米(m^2)计算,如图纸未注明窗台板长度和宽度时,可按窗框的外围宽度两边共加 10 cm 计算,凸出墙面的宽度按抹灰面增加 3 cm 计算。

5)木楼梯(包括休息平台和靠墙踢脚板)按水平投影面积以平方米(m^2)计算(不计伸入墙内部分的面积)。

6)挂镜线以延长米计算,如与窗帘盒相连接时,应扣除窗帘盒长度。

7)门窗贴脸的长度,按门窗框的外围尺寸以延长米计算。

8)暖气罩、玻璃黑板按边框外围尺寸以垂直投影面积计算。

9)木隔板按图示尺寸以平方米(m^2)计算。定额内按一般固定考虑,如用角钢托架者,角钢应另行计算。

10)间壁墙的高度按图示尺寸,长度以净长计算,应扣除门窗洞口,但不扣除面积在 $0.3 \mathrm{m}^2$ 以内的孔洞。

11)厕所浴室木隔断,其高度自下横枋底面算至上横坊顶面,以平方米(m^2)计算,门扇面积应并入隔断面积内计算。

12)预制钢筋混凝土厕浴隔断上的门扇,按扇外围面积计算,套用厕所浴室隔断门定额。

13)半截玻璃间壁,系指上部为玻璃间壁下部为半砖墙或其他间壁,应分别计算工程量,套用相应定额。

14)顶棚面积以主墙实钉面积计算,不扣除间壁墙、检查洞、穿过顶棚的柱、垛、附墙烟囱及水平投影面积 1 m² 以内的柱帽等所占的面积。

15)木地板以主墙间的净面积计算,不扣除间壁墙、穿过木地板的柱、垛和附墙烟囱等所占的面积,但门和空圈的开口部分也不予增加。

16)木地板定额中,木踢脚板数量不同时,均按定额执行,如设计不用时,可以扣除其数量但人工不变。

17)栏杆的扶手均以延长米计算。楼梯踏步部分的栏杆、扶手的长度可按全部水平投影长度乘以系数 1.15 计算。

18)屋架分不同跨度按架计算,屋架跨度按墙、柱中心线计算。

19)楼梯底钉顶棚的工程量均以楼梯水平投影面积乘以系数 1.10,按顶棚面层定额计算。

5.园林地面工程工程量计算规则

(1)一般规定

1)混凝土强度等级及灰土、白灰焦渣、水泥焦渣的配合比与设计要求不同时,允许换算。但整体面层与块料面层的结合层或底层的砂层的砂浆厚度,除定额注明允许换算的之外一律不得换算。

2)散水、斜坡、台阶、明沟均已包括了土方、垫层、面层及沟壁。如垫层、面层的材料品种、含量与设计不同时,可以换算,但土方量和人工、机械费一律不得调整。

3)随打随抹地面只适用于设计中无厚度要求随打随抹面层,如设计中有厚度要求时,应按水泥砂浆抹地面定额执行。

(2)工程量计算规则

1)楼地面层。

①水泥砂浆随打随抹、砖地面及混凝土面层,按主墙间的净空面积计算,应扣除凸出地面的构筑物,设备基础及室内铁道所占的面积(不需做面层的沟盖板所占的面积也应扣除),不扣除柱、垛、间壁墙、附墙烟囱以及 0.3 m² 以内孔洞所占的面积,但门洞、空圈也不予增加。

②水磨石面层及块料面层均按图示尺寸以平方米(m²)计算。

2)防潮层。

①平面。地面防潮层同地面面层,与墙面连接处高在 50 cm 以内展开面积的工程量,按平面定额计算,超过 50 cm 者,其立面部分的全部工程量按立面定额计算。墙基防潮层,外墙长以外墙中心线,内墙以内墙净长乘以宽度计算。

②立面。墙身防潮层按图示尺寸以平方米(m²)计算,不扣除 0.3 m² 以内的孔洞

3)伸缩缝。

各类伸缩缝,按不同用料以延长米计算。外墙伸缩缝如内外双面填缝者,工程量加倍计算。伸缩缝项目,适用于屋面、墙面及地面等部位。

4)踢脚板。

①水泥砂浆踢脚板。以延长米计算,不扣除门洞及空圈的长度,但门洞、空圈和垛的

侧壁也不予增加。

②水磨石踢脚板、预制水磨石及其他块料面层踢脚板。均按图示尺寸以净长计算。

5)水泥砂浆及水磨石楼梯面层。以水平投影面积计算,定额内已包括踢脚板及底面抹灰、刷浆工料。楼梯井在 50 cm 以内者不予扣除。

6)散水。按外墙外边线的长乘以宽度,以平方米(m²)计算(台阶、坡道所占的长度不予扣除,四角延伸部分也不予增加)。

7)坡道。按水平投影面积计算。

8)各类台阶。均按水平投影面积计算,定额内已包括面层及面层下的砌砖或混凝土的工料。

6.园林屋面工程工程量计算规则

(1)一般规定

1)水泥瓦、黏土瓦的规格与定额不同时,除瓦的数量可以换算之外,其他工料均不得调整。

2)铁皮屋面及铁皮排水项目,铁皮咬口和搭接的工料包括在定额内,不另计算,铁皮厚度如定额规定不同时,允许换算,其他工料不变。刷冷底子油一遍已综合在定额内,不另计算。

(2)工程量计算规则

1)保温层。按图示尺寸的面积乘以平均厚度以立方米(m³)计算,不扣除烟囱、风帽及水斗斜沟所占的面积。

2)瓦屋面。按图示尺寸的屋面投影面积乘以屋面坡度延尺系数以平方米(m²)计算,不扣除房上烟囱、风帽底座、风道、屋面小气窗和斜沟等所占的面积,而屋面小气窗出沿与屋面重叠部分的面积也不予增加,但天窗出檐部分重叠的面积应计入相应屋面的工程量内。瓦屋面的出线、披水、梢头抹灰、脊瓦、加腮等工料均已综合在定额内,不另计算。

3)卷材屋面。按图示尺寸的水平投影面积乘以屋面坡度延尺系数以平方米(m²)计算,不扣除房上烟囱、风帽底座、风道斜沟等所占的面积,其根部弯起部分不另计算。天窗出沿部分重叠的面积应按图示尺寸以平方米(m²)计算,并入卷材屋面工程量内,如图纸未注明尺寸,伸缩缝、女儿墙处可按 25 cm,天窗处可按 50 cm,局部增加层数时,另计增加部分。

4)水落管长度。按图示尺寸展开长度计算,如无图示尺寸时,由沿口下皮算至设计室外地平以上 1.5 cm 为止,上端与铸铁弯头连接着,算至接头处。

5)屋面抹水泥砂浆找平层。其工程量与卷材屋面相同。

7.园林装饰工程工程量计算规则

(1)一般规定

1)抹灰厚度及砂浆种类,一般不得换算。

2)抹灰不分等级,定额水平是根据园林建筑质量要求较高的情况综合考虑的。

3)阳台、雨篷抹灰定额内已包括底面抹灰及刷浆,不另计算。

4)凡室内净高超过 3.6 m 以上的内檐装饰及其所需脚手架,均可另行计算。

5)内檐墙面抹灰综合考虑了抹水泥窗台板,如设计要求做法与定额不同时可以换算。

6)设计要求抹灰厚度与定额不同时,定额内砂浆体积应按比例调整,人工、机械不得调整。

(2)工程量计算规则

1)工程量均按设计图示尺寸计算。

2)顶棚抹灰。

①顶棚抹灰面积,以主墙内的净空面积计算,不扣除间壁墙、垛、柱所占的面积,带有钢筋混凝土梁的顶棚,梁的两侧抹灰面积应并入顶棚抹灰工程量内计算。

②密肋梁和井字梁顶棚抹灰面积,以展开面积计算。

③檐口顶棚的抹灰,并入相同的顶棚抹灰工程量内计算。

④有坡度及拱顶的顶棚抹灰面积,按展开面积以平方米(m^2)计算。

3)内墙面抹灰。

①内墙面抹灰面积。应扣除门、窗洞口和空圈所占的面积,不扣除踢脚线、挂镜线0.3 m^2 以内的孔洞和墙与构件交接处的面积。洞口侧壁和顶面不予增加,但垛的侧面抹灰应与内墙面抹灰工程量合并计算。

内墙面抹灰的长度以主墙间的图示净长尺寸计算,其高度确定如下:

a.无墙裙有踢脚板其高度由地或楼面算至板或顶棚下皮。

b.有墙裙无踢脚板,其高度按墙裙顶点标至顶棚底面另增加 10 cm 计算。

②内墙裙抹灰面积。以长度乘以高度计算,应扣除门窗洞口和空圈所占面积,并增加窗洞口和空圈的侧壁和顶面的面积,垛的侧壁面积应并入墙裙内计算。

③吊顶顶棚的内墙面抹灰,其高度自楼地面至顶棚下另加 10 cm 计算。

④墙中的梁、柱等的抹灰。按墙面抹灰定额计算,其突出墙面的梁、柱抹灰工程量按展开面积计算。

4)外墙面抹灰。

①外墙抹灰。应扣除门、窗洞口和空圈所占的面积,不扣除 0.3 m^2 以内的孔洞面积,门窗洞口及空圈的侧壁,垛的侧面抹灰,应并入相应的墙面抹灰中计算。

②外墙窗间墙抹灰。以展开面积按外墙抹灰相应定额计算。

③独立柱及单梁等抹灰。应另列项目,其工程量按结构设计尺寸断面计算。

④外墙裙抹灰。按展开面积计算,门口和空圈所占面积应予扣除,侧壁应并入相应定额计算。

⑤阳台、雨篷抹灰。按水平投影面积计算,其中定额已包括底面、上面、侧面及牛腿的全部抹灰面积。但阳台的栏杆、栏板抹灰应另列项目,按相应定额计算。

⑥挑檐、天沟、腰线、栏杆扶手、门窗套、窗台线压顶等结构设计尺寸断面。以展开面积按相应定额以平方米(m^2)计算。窗台线与腰线连接时,应并入腰线内计算。

外窗台抹灰长度如设计图纸无规定时,可按窗外围宽度两边并加 20 cm 计算,窗台展开宽度按 36 cm 计算。

⑦水泥字。水泥字按个计算。

⑧栏板、遮阳板抹灰。以展开面积计算。

⑨水泥黑板,布告栏。按框外围面积计算,黑板边框抹灰及粉笔灰槽已考虑在定额内,不另计算。

⑩镶贴各种块料面层。均按设计图示尺寸以展开面积计算。

⑪池槽等。按图示尺寸展开面积以平方米(m^2)计算。

5)刷浆,水质涂料工程。

①墙面。按垂直投影面积计算,应扣除墙裙的抹灰面积,不扣除门窗洞口面积,但垛侧壁、门窗洞口侧壁、顶面也不予增加。

②顶棚。按水平投影面积计算,不扣除间壁墙、垛、柱、附墙烟囱、检查洞所占的面积。

6)勾缝。按墙面垂直投影面积计算,应扣除墙面和墙裙抹灰面积,不扣除门窗套和腰线等零星抹灰及门窗洞口所占的面积,但垛和门窗洞口侧壁和顶面的勾缝面积也不予增加。独立柱,房上烟囱勾缝按图示外形尺寸以平方米(m^2)计算。

7)墙面贴壁纸。按图示尺寸的实铺面积计算。

8.园林金属结构工程工程量计算

(1)一般规定

1)构件制作是按焊接为主考虑的,对构件局部采用螺栓连接时,已考虑在定额内不再换算,但如果有铆接为主的构件时,应另行补充定额。

2)刷油定额中一般均综合考虑了金属面调和漆两遍,如设计要求与定额不同时,按装饰分部油漆定额换算。

3)定额中的钢材价格是按各种构件的常用材料规格和型号综合测算取定的,编制预算时不得调整,但如设计采用低合金钢时,允许换算定额中的钢材价格

(2)工程量计算规则

1)构件制作、安装、运输工程量。均按设计图纸的钢材质量计算,所需的螺栓、电焊条等的质量已包括在定额内,不另增加。

2)钢材质量计算。按设计图纸的主材几何尺寸以吨(t)计算质量,均不扣除孔眼、切肢、切边的质量,多边形按矩形计算。

3)钢柱工程量。计算钢柱工程量时,依附于柱上的牛腿及悬臂梁的主材质量,应并入柱身主材质量计算,套用钢柱定额。

9.园林脚手架工程工程量计算规则

(1)建筑物的檐高。应以设计室外地坪到檐口滴水的高度为准,如有女儿墙者,其高度算到女儿墙顶面;带挑檐者,其高度算到挑檐下皮;多跨建筑物如高度不同时,应分别不同高度计算。同一建筑物有不同结构时,应以建筑面积比重较大者为准;前后檐高度不同时,以檐高较高者为准。

(2)综合脚手架。按建筑面积以平方米(m^2)计算。

(3)围墙脚手架。按里脚手架定额执行,其高度以自然地坪到围墙顶面计算,长度按围墙中心线计算,不扣除大门面积,也不另行增加独立门柱的脚手架。

(4)独立砖石柱的脚手架。按单排外脚手架定额执行,其工程量按柱截面的周长另加3.6m,再乘以柱高以平方米(m^2)计算。

(5)凡不适宜使用综合脚手架定额的建筑物,可按以下规定计算,执行单项脚手架定额:

1)砌墙脚手架按墙面垂直投影面积计算。外墙脚手架长度按外墙外边线计算,内墙脚手架长度按内墙净长计算,高度按自然地坪到墙顶的总高计算。

2)檐高 15 m 以上的建筑物的外墙砌筑脚手架,一律按双排脚手架计算。

3)檐高 15 m 以内的建筑物,室内净高 4.5 m 以内者,内外墙砌筑,均应按里脚手架计算。

10.园林小品工程工程量计算规则

(1)堆塑装饰工程。分别按展开面积以平方米(m²)计算。

(2)小型设施工程量。预制或现制水磨石景窗、平板凳、花檐、角花、博古架、飞来椅、木纹板的工作内容包括制作、安装及拆除模板、制作及绑扎钢筋、制作及浇捣混凝土、砂浆抹平、构件养护以及面层磨光及现场安装。

1)预制或现制水磨石景窗、平板凳、花檐、角花、博古架的工程量均按不同水磨石断面面积、预制或现制,以其长度计算。计量单位为 10 m²。

2)水磨木纹板的工程量按不同水磨,以其面积计算。制作工程量计量单位为 m²,安装工程量计量单位为 10 m²。

11.风景园林景观工程工程量计算规则相关说明

(1)水池工程

1)水池定额是按一般方形、圆形、多边形水池编制的,遇有异形水池时,应另行计算。

2)水池池底、池壁砌筑均按图示尺寸以立方米(m³)计算。

3)混凝土水池,池内底面积不大于 20 m² 时,其池底和池壁的定额以人工费乘以系数1.25 计算。

4)一般按图示尺寸以平方米(m²)计算,套用防水子目,材料价按膨润土材料价组价,或者可以在所咨询的市场材料价格的基础上计取一定的人工费后做补充定额。

5)景石工程量套用庭园工程安布景石子目。计量单位为 10 t。

(2)花架及园林小品工程

1)木质花架的结构包括梁、檩、柱、座凳等。梁、檩、柱、座凳等,工程量按设计图示尺寸以立方米(m³)计算。

2)混凝土花架定额中包括现场预制混凝土的制作、安装等项目,适用于梁檩断面在220 cm² 以内,高度在 6 m 以下的轻型花架。

3)花架安装是按人工操作、土法吊装编制的,如使用机械吊装时,不得换算,仍按本定额安装子目执行。

4)混凝土花架的梁、檩、柱定额中,均已综合了模板超高费用,凡柱高在 6 m 以下的花架均不得计算超高费。

5)木制花架刷漆按展开面积以平方米(m²)计算。

6)砖砌和预制混凝土的花盆、花池、花坛工程量应分别按砖和预制混凝土小品定额执行,按设计尺寸以立方米(m³)计算。

7)铁栅栏是按型钢制品编制的,如设计采用铸铁制品,其铁栅栏单价应予换算,其他各项不变。铁栅栏安装,按设计图示用量以吨(t)计算。

8)圆桌、圆凳安装项目是按工厂制成品、豆石混凝土基础、座浆安装编制的,如采用其他做法安装时,应另行计算。圆桌、圆凳安装及其基础以件计算。

9)天棚安装分不同材质按设计图示尺寸以平方米(m²)计算。

10)庭园脚手架包括围墙及木栅栏安装脚手架、桥身双排脚手架、满堂红脚手架及假山脚手架等内容。

11)须弥座按垂直投影面积以平方米(m²)计算。

12)花架、花池、花坛、门窗框、灯座、栏杆、望柱、假山座、盘以及其他小品,均按设计图示尺寸以平方米(m²)计算。

(3)喷泉工程

1)管道项目适用于单件重量为100 kg以内的制作与安装,并包括所需要的螺栓、螺母本身价格。木垫式管架,不包括木垫重量,但木垫的安装工料已包括在定额内;弹簧式管架,不包括弹簧本身,其本身价格另行计算。管道支架按管架形式以吨(t)计算。

2)管道煨弯,公称直径在50 mm以下的已包括在管道安装相应定额子目内,公称直径在50 mm以上管道煨弯按相应定额子目执行。管道煨弯以个计算。

3)喷泉给水管道安装、阀门安装、水泵安装等给水工程,按设计要求,依据《北京市建设工程预算定额》第五册《给排水、采暖、燃气工程》执行。

4)雾喷喷头安装套用庭园工程喷泉喷头安装子目,以套为单位计算

5)绿化中喷灌喷头按工作压力可分为微压、低压、中压和高压喷头;按结构形式和喷洒特性可分为旋转式、固定式和喷洒孔管。工程量以个为单位进行计算。

6)铁件刷油工程量以千克(kg)计算。

7)UPVC给水管的固筑包括现场清理、混凝土搅拌、巩固保护等。管道加固后可减少喷灌系统在起动、关闭或运行时产生的水锤和振动作用,增加管网系统的安全性。其工程量按照UPVC不同管径以处为单位计算。

8)铰接头作用是当管径较大,可将锁死螺母改为尘兰盘,采用金属加工制成。其工程量按不同管径以个为单位计算

(4)园林供包工程

1)住宅小区花园中的灯具安装套用《北京市建设工程预算定额》第四册《电气工程》相关内容。套用时可分灯杆、灯架、灯具、线路敷设、配电柜等进行,无相匹配的就套用最低档,但要保证灯杆主材价格无误。

2)庭园照明灯具的混凝土灯座的工程量应按图示尺寸以立方米(m³)计算,执行庭园中预制混凝土小品子目。

3)电缆敷设的净长(工程量)是按设计图示的就位后净尺寸计算(包括水平、垂直走向)的。电缆进盘、箱的预留长度和波形系数均按设计要求规定长度计算在综合单价中。电缆敷设的损耗是净增量,由报价人在综合单价中考虑。

4)庭院工程的水电费没有包含在相应项目中,需单独计算;市政工程的水电费已包含在相应项目中,不需单独计算。

5)庭园工程中水池、步桥、同路地面、沟渠围堰、围墙及假山项目计取水电费。

(5)其他工程

1)护坡是指河岸或路旁用石块、水泥等筑成的斜坡,用来防止河水或雨水冲刷。毛石护坡有浆砌和干砌两种,浆砌时指用砂浆砌筑;干砌时指将毛石干垒而成。干砌与浆砌分别套用不同的定额,均按图示尺寸以立方米(m^3)计算。

2)挡土墙是被广泛应用在园林山地、堤岸、路桥、假山、房屋地基等处的工程构筑物。在山区、丘陵区的园林中,挡土墙是最重要的地上构筑物,其主要作用是固土护坡,承受厚土的侧向压力,防止陡坡坍塌。

蹬道疲乏边挡土墙,除山石挡土墙执行《庭院工程》第六章"假山工程"的相应定额外,其他砖石挡土墙均执行第三章"砖石工程"的相应定额子目。

3)围牙、路牙铺装在道路边缘或树池周围,起保护路面的作用,有用石材凿打成整形为长条形的,也有按设计用混凝土预制的,也可直接用砖。路牙的工程量,按单侧长度以延长米计算。

4)按购买价计量。有些雕塑和浮雕在专业厂家生产,其价格可到专业厂家咨询。

5)因设计的特殊要求,购买不到而需要定做的雕塑和浮雕,因是艺术品,定价无标准,故需要协商解决,经监理和建设方认可。

6)按雕刻种类的实际雕刻物的底板外框面积以平方米(m^2)计算。

7)园林定额中,混凝土花窗安装执行小型构件安装定额,其体积按设计外形面积乘以厚度,以立方米(m^3)计算,不扣除空花体积。

8)拦石,即预制混凝土砌块。预制混凝土砌块按设计有多种形状,大小规格也有很多种,也可做成各种彩色砌块。其厚度都不小于 80 mm,一般厚度都设计为 100～150 mm。

片石是指厚度在 5～20 mm 之间的装饰性铺地材料,常用的主要有大理石、花岗岩和马赛克等。一般风景园林中应用在拌石或片石蹬道中,其工程量按图示水平投影面积以平方米(m^2)计算。

3.6　风景园林工程量计算的原则及步骤

3.6.1　风景园林工程量计算原则

风景园林工程量计算是指风景园林工程各专业工程分部分项子目的工程数量的计算。为了保证工程量计算的准确性,通常要遵循以下几点原则:

(1)计算口径要一致,避免重复和遗漏。计算工程量时,根据施工图所列出的分项工程的口径(即分项工程包括的工作内容和范围),必须与预算定额中相应分项工程的口径相一致。例如,在水磨石分项工程中,预算定额已包括了刷素水泥浆一道(结合层),所以,计算该项工程量时,不应另列刷素水泥浆项目,以免造成重复计算。反之,分项工程中设计有的工作内容,而相应预算定额中却并没有包括时,就应另列项目计算。

(2)工程量计算规则要一致,避免错算。计算风景园林工程量时,应根据风景园林工程施工图纸,并参照附录 D"市政工程量计算规则"。工程量计算必须与预算定额中所规定的工程量计算规则(或计算方法)相一致,以保证计算结果的准确性。例如砌砖工程中,一砖半砖墙的厚度,无论施工图中标注的尺寸是"360"还是"370",都应以预算定额计算规则所规定的"365"进行计算。

(3)计量单位要一致。风景园林工程量计算结果的计量单位必须使用《建设工程工程量清单计价规范》(GB 50500—2008)附录 D 所规定的统一单位。各分项工程量的计量单位,也必须与预算定额中相应项目的计量单位相一致。例如预算定额中,栽植绿篱分项工程的计量单位是 10 延长米,而不是株数,则工程量单位也应是 10 延长米。

(4)计算要按顺序进行。风景园林工程各分项子目工程量的计算顺序,应按分项子目编号次序逐个进行,以免漏算或重算。

(5)计算精度要统一。工程量的计算结果统一要求为:工程数量的有效位数,钢材以吨(t)为单位、木材以立方米(m³)为单位,应保留小数点后三位有效数字,第四位四舍五入;其余项目如以"m³""m²""m"等为单位,一般取小数点后两位,以下四舍五入;以"个""项"等为单位,则应取整数。

(6)工程量计算要运用正确的数学公式,不得用近似式或者约数。

(7)各分项子目的工程量计算式及结果应誊清在工程量计算表上。工程量的计算结果宜用红笔注出或在数字上画方框,便于识别。

(8)工程量计算表在填入风景园林工程工程量清单表格之前,应经过仔细审核,确认无误。

3.6.2　规格标准的转换和计算

(1)整理绿化地的单位换算成 10 m²,例如 1 780 m² 的绿化用地,换算后为 178 (10 m²)。

(2)起挖或栽植带土球乔木,设计规格一般为胸径,需要换算成土球直径方可进行计算。例如栽植胸径 3 cm 红叶李,则土球直径应为 30 cm。

(3)起挖或栽植裸根乔木,设计规格一般为胸径,可直接套用进行计算。

(4)起挖或栽植带土球灌木,设计规格一般为冠径,需要换算成土球直径方可进行计算。如栽植冠径 1 m 海桐球,其土球直径应为 30 cm。

(5)起挖或栽植散生竹类,设计规格一般为胸径,可直接套用进行计算。

(6)起挖或栽植丛生竹类,设计规格一般为高度,需要换算成根盘丛径方可进行计算。例如栽植高度 1 m 竹子,其根盘丛径应为 30 cm。

(7)栽植绿篱,设计规格一般为高度,可直接套用进行计算。

(8)露地花卉栽植的单位需换算成 10 m²。

(9)草皮铺种的单位需换算成 10 m²。

(10)栽种水生植物的单位需换算成 10 株。

(11)栽种攀援植物的单位需换算成 100 株。

3.6.3　工程量计算的方法

工程量的计算方法通常有按施工先后顺序、按定额项目的顺序和统筹法。

（1）按施工先后顺序计算

按工程施工先后的顺序来计算工程量时，应先地下后地上，先底层后上层，先主要后次要。大型和复杂工程应先划分区域，编成区号，分区进行计算。

（2）按定额项目的顺序计算

按定额所列分部分项工程的次序来计算工程量时，应按照施工图设计内容，由前到后，逐项对照定额进行计算。采用这种方法计算工程量时，要求熟悉施工图纸，并具有较多的工程设计基础知识，另外，还要注意施工图中有的项目可能套不上定额项目，此时就应单独列项，以编制补充定额，尤其要注意不可因定额缺项而漏项。

（3）用统筹法计算工程量

统筹法计算工程量是指根据各分项工程量之间的固有规律以及相互之间的依赖关系，运用统筹原理和统筹图来合理安排工程量的计算程序，并按其顺序计算工程量的方法。用统筹法计算工程量时要注意统筹程序、合理安排；利用基数、连续计算；一次计算、多次使用；结合实际、灵活机动。

3.6.4　工程量计算的步骤

1.列出分项工程项目名称

首先根据施工图纸，结合施工方案的有关内容，按照一定的计算顺序，逐一列出单位工程施工图预算的分项工程项目名称。要注意所列的分项工程项目名称必须与预算定额中相应的项目名称相一致。

2.列出工程量计算公式

列出分项工程项目名称后，要根据施工图纸所示的部位、尺寸和数量，按照工程量计算规则（其中各类工程的工程量计算规则见工程预算定额的有关说明），分别列出工程量计算公式。通常工程量计算都采用计算表格进行计算，其形式见表3.7。

表 3.7　工程量计算表

序号	分项工程名称	单　　位	工程数量	计算公式

3.调整计量单位

工程量计算通常都是以米（m）、平方米（m²）和立方米（m³）等为计量单位，但预算定额中往往以 10 米（10 m）、10 平方米（10 m²）、10 立方米（10 m³）、100 平方米（100 m²）和 100 立方米（100 m³）等为计量单位，所以还需将算得的工程量计量单位按预算定额中相应项目规定的计量单位进行调整，使计量单位一致，为以后的计算提供方便。

4.套用预算定额

各项工程量计算完毕并经校核之后,即可编制单位工程施工图预算书。

3.7　风景园林工程预算定额简介

3.7.1　全国统一《仿古建筑及园林工程预算定额》

全国统一《仿古建筑及园林工程预算定额》共分四册。第一册《通用项目》,包括按现代通用做法的土方基础工程、砌筑工程、钢筋混凝土工程、木作工程、楼地面工程和抹灰工程的定额;第二册《营造法原做法项目》,包括江南仿古建筑做法的砖细工程、石作工程、屋面工程、抹灰工程、木作工程、油漆工程、脚手架工程的定额;第三册《营造则例做法项目》,包括该做法的脚手架工程、砌筑工程、石作工程、木构架及木基层、斗拱、本装修,屋面工程、地面工程、抹灰工程,油漆彩画工程和玻璃裱糊工程的定额内容;第四册《园林绿化工程》,包括园林绿化工程、堆砌假山工程、园路园桥工程和园林小品工程的定额事项。其中第四册《园林绿化工程》适用于城市园林和市政绿化、小品设施,以及厂矿、机关、学校、宾馆和居住小区的绿化及小品设施等工程,是园林企业最常用的定额。全国统一《仿古建筑及园林工程预算定额》的内容包括关于发布《仿古建筑及园林工程预算定额》的通知总说明;四册说明;仿古建筑面积计算规则;目录;一至四章的说明、工程量计算规则以及 270 个分项子目预算定额表。

现将应用普遍的第一册通用项目和第四册园林绿化工程部分的预算定额内容简单介绍如下:

1.土石方、打桩、围堰、基础垫层工程

(1)人工挖地槽、地沟、地坑、土方

1)工作内容。土方开挖,维护、支撑,场内运输,平整、夯实,挖土并抛土于槽边 1m 以外,修整槽坑壁底,排除槽坑内积水。

2)分项内容。按土壤类别、挖土深度分别列项。

(2)山坡切土,挖淤土,流沙,支挡土板

1)工作内容。挖坡切土,维护,挖流沙,场内运土,排水,支撑挡土板,夯实,加固。

2)分项内容。

①山坡切土。按一、二类土、三类土、四类土分别列项,以立方米(m³)计算。

②按挖淤泥、挖流沙分别列项,以立方米(m³)计算。

③支挡土板。按单面、双面分别列项,以 10m² 计算。

(3)人工凿岩石

1)工作内容。石方开凿,维护、支撑,场内运输,修整底、边。

2)分项内容。

①地面开凿。按软石、次坚石、坚石分别列项,以立方米(m³)计算。

②地槽开凿。按软石、次坚石、坚石分别列项,以立方米(m³)计算。

③地坑开凿。按软石、次坚石、坚石分别列项,以立方米(m³)计算。

(4)人工挑抬、人力车运土、石方

1)工作内容。装土、卸土、运土以及堆放。

2)分项内容。

①人工挑抬。基本运距为 20 m,每增加 20 m,则相应增加费用。按土、淤泥、石分别列项,以立方米(m³)计算。

②人力车运土。基本运距为 50 m,每增加 50 m,则相应增加费用。按土、淤泥、石分别列项,以立方米(m³)计算。

(5)平整场地、圆填土、原打夯

1)工作内容。

①平整场地。厚度在 ± 30 cm 以内的挖、填、找平。

②回填土。包括取土、铺平、回填、夯实。

③原土打夯。包括碎土、平土、找平、泼水、夯实。

2)分项内容。

①平整场地。以 10 m³ 计算。

②回填土。按地面、槽坑、松填和实填分别列项,以立方米(m³)计算。

③原土打夯。按地面、槽坑分别列项,以 10 m² 计算。

(6)打桩工程

1)工作内容。工作平台搭拆,桩机竖拆,场内外运桩,废料弃置,土方运输。

2)分项内容。

①按打石针、夯块石、钢筋混凝土桩长度在 8 m 以内分别列项,以立方米(m³)计算。

②人工打圆木桩。按桩长 3 m 以内、桩长 8 m 以内分别列项,以立方米(m³)计算。

③按搭拆水上打桩平台列项,以 10 m² 计算。

(7)围堰

1)工作内容。清理基底,50 m 范围内的取、装、运土,草袋装土、封包运输,堆筑、填土夯实,拆除清理。

2)分项内容。

①土围堰。按宽 1.00 m×高 0.80 m、宽 1.50 m×高 1.00 m、宽 2.00 m×高 1.00 m、宽 2.00 m×高 1.00 m 分别列项,以 10 m 计算。

②按草袋围堰列项,以立方米(m³)计算。

(8)基础垫层

1)工作内容。筛土、闷灰、浇水、拌和、铺设、找平、夯实、混凝土搅拌、振捣、养护。

2)分项内容。

①按灰土(3:7)、石灰水渣、煤渣分别列项,以立方米(m³)计算。

②碎石(碎砖):按平铺、灌浆分别列项,以立方米(m³)计算。

③按三合土列项,以立方米(m³)计算。

④毛石:按干铺、灌浆分别列项,以立方米(m³)计算。

⑤按碎石和砂人工级配(1:1.5)、毛石混凝土、混凝土、砂、抛乱石分别列项,以立方米

(m^3)计算。

2.砌筑工程

(1)砖基础、砖墙

1)工作内容。

①调、运、铺砂浆,运砖、砌砖。

②安放砌体内钢筋、预制过梁板,垫块。

③砖过梁。砖平拱模板安制、拆除。

④砌窗台虎头砖、腰线、门窗套。

2)分项内容。

①砖基础。

②砖砌内墙。按墙身厚度 1/4 砖、1/2 砖、3/4 砖、1 砖、1 砖以上分别列项。

③砖砌外墙。按墙身厚度 1/2 砖、3/4 砖、l 砖、1.5 砖、2 砖及 2 砖以上分别列项。

④砖柱。按矩形、圆形分别列项。

(2)砖砌空斗墙、空花墙、填充墙

1)工作内容。与砖基础、砖墙的工作内容相同。

2)分项内容。

①空斗墙。按做法不同分别列项。

②填充墙。按不同材料分别列项(包括填料)。

(3)其他砖砌体

1)工作内容。

①调、运砂浆,运砖、砌砖。

②砌砖拱包括木模安制、运输及拆除。

2)分项内容。

①小型砌体包括花台、花池及毛石墙的门窗口立边、窗台虎头砖等。

②砖拱包括圆拱、半圆拱。

③砖地沟。

(4)毛石基础、毛石砌体

1)工作内容。

①选石、修石、运石。

②调、运、铺砂浆,砌石。

③墙角、门窗洞口的石料加工。

2)分项内容。

①墙基(包括独立柱基)。

②墙身按窗台下石墙、石墙到顶、挡土墙分别列项。

③独立柱。

④护坡按干砌、浆砌分别列项。

(5)砌景石墙、蘑菇石墙

1)工作内容。

①景石墙调、运、铺砂浆,选石、运石、石料加工、砌石,立边,棱角修饰,修补缝口,清洗墙面。

②蘑菇石墙调、运、铺砂浆,选石、修石、运石,墙身、门窗口立边修正。

2)分项内容。

景石墙、蘑菇石墙分别列项。工程量按砌体体积以立方米(m^3)计算,蘑菇石按成品石考虑。

(6)墙基防潮层、砖砌体内钢筋加固

1)工作内容。防水层铺筑,热沥青浇灌,场内运输,混凝土浇筑,养生,固定,支撑。

2)分项内容。

①墙基防潮层(每 10 m^2)。按防水砂浆、一毡二油(热沥青)分别列项,以立方米(m^3)计算。

②按钢筋加固(每 t)列项,以立方米(m^3)计算。

3.混凝土及钢筋混凝土工程

(1)现浇钢筋混凝土

1)现浇钢筋混凝土基础

①工作内容。

a.模板制作、安装、拆卸、刷润滑剂、运输堆放。

b.钢筋制作、绑扎、安装。

c.混凝土搅拌、浇捣、养护。

②分项内容。

a.带型基础。按毛石混凝土、无筋混凝土、钢筋混凝土分别列项。

b.基础梁。

c.独立基础。按毛石混凝土、无筋混凝土、钢筋混凝土分别列项。

d.杯型基础。

2)现浇钢筋混凝土柱

①工作内容。与基础的工作内容相同。

②分项内容。

a.矩形柱按断面周长档位分别列项。

b.圆形柱按直径档位分别列项。

3)现浇钢筋混凝土梁

①工作内容。与现浇钢筋混凝土基础的工作内容相同。

②分项内容。

a.矩形梁。按梁高档位分别列项。

b.圆形梁。按直径档位分别列项。

c.圈梁、过梁、老嫩戗分别列项。

4)现浇钢筋混凝土桁、枋,机

①工作内容。与现浇钢筋混凝土基础的工作内容相同。

②分项内容。

a.矩形桁条、梓桁。按断面高度档位分别列项。

b.圆形桁条、梓桁。按直径档位分别列项。

c.枋子、连机分别列项。

5)现浇钢筋混凝土板

①工作内容。与现浇钢筋混凝土基础的工作内容相同。

②分项内容。

a.有梁板按板厚档位分别列项。

b.平板按板厚档位分别列项。

c.橡望板、饿翼板分别列项。

d.亭屋面板按板厚档位分别列项。

6)钢丝网屋面、封沿板

①工作内容。

a.制作、安装、拆除临时性支撑及骨架。

b.钢筋、钢丝网制作及安装。

c.调运砂浆。

d.抹灰。

e.养护。

②分项内容。

a.钢丝网屋面。以二网一筋 20 mm 厚为基准,增加时另计。按体积以立方米(m^3)计算。

b.钢丝网封沿板按 10 延长米为单位计算。

7)现浇钢筋混凝土其他项目

①工作内容。

a.木模制作、安装、拆除。

b.钢筋制作、绑扎、安装。

c.混凝土搅拌、浇捣、养护。

②分项内容。

a.整体楼梯、雨篷、阳台分别列项。工程量控水平投影面积以 10 m^2 计算。

b.古式栏板、栏杆分别列项。工程量以 10 延长米计算。

c.吴王靠(美人靠)按筒式、繁式分别列项。工程量以 10 延长米计算。

d.压顶按有筋、无筋分别列项。工程量以立方米(m^3)计算。

(2)预制钢筋混凝土

1)预制钢筋混凝土柱

①工作内容。

a.钢模板安装、拆除、清理、刷润滑剂、集中堆放;木模板制作、安装、拆除、堆放;模板场外运输。

b.钢筋制作,对点焊及绑扎安装。

c.混凝土搅拌、浇捣、养护。

d.砌筑清理地胎模。

e.成品堆放。

②分项内容。

a.矩形柱按断面周长档位分别列项。

b.圆形柱按直径档位分别列项。

c.多边形柱按相应圆形柱定额计算。

2)预制钢筋混凝土梁

①工作内容。与预制钢筋混凝土柱的工作内容相同。

②分项内容。

a.矩形梁按断面高度档位分别列项。

b.圆形梁按直径档位分别列项。圆弧形梁按圆形梁定额计算,增大系数。

c.异形梁、基础梁、过梁、老嫩戗分别列项。

3)预制钢筋混凝土桁、枋、机

①工作内容。与预制钢筋混凝土柱的工作内容相同。

②分项内容。

a.矩形桁条、梓桁按断面高度档位分别列项。

b.圆形桁条、梓桁按直径档位分别列项。

c.枋子、连机分别列项。

4)预制钢筋混凝土板

①工作内容。与预制钢筋混凝土柱的工作内容相同。

②分项内容。

a.空心板按板长档位分别列项。

b.平板,槽形板(含单肋板)、椽望板、戗翼板分别列项。

5)预制钢筋混凝土椽子

①工作内容。与预制钢筋混凝土柱的工作内容相同。

②分项内容。

a.椽子方直径。按高(cm)列项,以立方米(m³)计算。

b.椽子圆直径。按高(cm)列项,以立方米(m³)计算。

c.椽子弯形椽列项,以立方米(m³)计算。

6)预制钢筋混凝土屋架

①工作内容。与预制钢筋混凝土柱的工作内容相同。

②分项内容。按人字、中式分别列项。以立方米(m³)计算。

7)预制钢筋混凝土预应力构件

①工作内容。与预制钢筋混凝土柱的工作内容相同。

②分项内容。按平板、空板长度(m)、桁条分别列项,以立方米(m³)计算。

8)预制钢筋混凝土其他构件

①工作内容。与预制钢筋混凝土柱的工作内容相同。

②分项内容。

a.楼梯。按斜梁、踏步、斗拱、梁垫、蒲鞋头、短机、云头等古式零件分别列项,以立方米(m³)计算。

b.按挂落列项,以 10 m 计算。

c.按花窗复杂、花窗简单、门框、窗框、预制栏杆件、预制美人靠件分别列项,以 10 m²计算。

d.按零星构件有筋、零星构件无筋、预制水磨石零件窗台板类、预制水磨石零件隔板及其他分别列项,以立方米(m³)计算。

9)预制钢筋混凝土构件钢筋、铁件增减调整

①工作内容。与预制钢筋混凝土柱的工作内容相同。

②分项内容。

a.其他预制混凝土。按地面块矩形、地面块异形、地面块席纹、假方块有筋、假方块无筋分别列项,以立方米(m³)计算。

b.按钢筋、铁件增减调整表钢筋及铁件增减钢筋,钢筋、铁件增减调整表钢筋及铁件增减预应力钢筋,钢筋、铁件增减调整表钢筋及铁件增减冷拔低碳钢丝。钢筋、铁件增减调整表钢筋及铁件增减铁件分别列项,以吨(t)计算。

10)预制钢筋混凝土构件汽车运输

①工作内容。与预制钢筋混凝土柱的工作内容相同。

②分项内容。按运输距离列项,以立方米(m³)计算。

11)预制钢筋混凝土构件安装

①柱。柱、吊装、灌浆填缝。

a.基础梁。基础梁、吊装、灌浆填缝。

b.屋架。中式、中式吊装、中式灌浆填缝、人字、人字吊装、人字灌浆填缝。

c.老嫩戗。老嫩戗、吊装、灌浆填缝。

d.枋、桁、梓连机、橡子。枋、桁、梓连机、橡子吊装,灌浆填缝。

e.矩、圆形梁。有电焊、有电焊吊装、有电焊灌浆填缝、无电焊、无电焊吊装、无电焊灌浆填缝。

f.过梁。过梁、过梁吊装、过梁灌浆填缝。

g.空心板。空心板、空心板吊装、空心板灌浆填缝。

h.槽形板肋形板。槽形板肋形板、槽形板肋形板吊装、槽形板肋形板灌浆填缝。

i.平板。平板、平板吊装、平板灌浆填缝。

j.橡望板(戗翼板,亭屋面板)。橡望板(戗翼板,亭屋面板)、橡望板(戗翼板,亭屋面板)吊装、橡望板(戗翼板,亭屋面板)灌浆填缝。

k.楼梯(楼梯段、斜梁休息板)。楼梯(楼梯段、斜梁休息板)、楼梯(楼梯段、斜梁休息板)吊装、楼梯(楼梯段、斜梁休息板)灌浆填缝。

l.斗拱、梁垫、云头、短棋等小型构件有(无)电焊。斗拱、梁垫、云头、短棋等小型构件有(无)电焊,斗拱、梁垫、云头、短棋等小型构件有(无)电焊吊装,斗拱、梁垫、云头、短棋等小型构件有(无)电焊灌浆填缝分别列项,以立方米(m³)计算。

②挂落。挂落、挂落吊装、挂落灌浆填缝分别列项,以 10 m 计算。

4.木作工程

(1)普通木窗

1)工作内容。配料,截料,刨料,画线,凿眼,开榫,裁喇叭口,整理线角,拼装,安装,油漆。

2)分项内容。

①单(双)层玻璃窗。单(双)层玻璃窗制作、单(双)层玻璃窗安装分别列项,以10 m² 计算。

②一玻一纱窗。一玻一纱窗制作、一玻一纱窗安装分别列项,以10 m² 计算。

③扇上小气窗。扇上小气窗制作、扇上小气窗安装分别列项,以10 扇计算。

④纱窗扇10 m² 外围面积。纱窗扇10 m² 外围面积制作、纱窗扇10 m² 外围面积安装分别列项,以10 m² 计算。

⑤木百叶窗矩形(不)带铁纱。木百叶窗矩形(不)带铁纱制作、木百叶窗矩形(不)带铁纱安装分别列项,以10 m² 计算。

⑥木百叶窗矩形带开扇(圆形)。木百叶窗矩形带开扇(圆形)制作、木百叶窗矩形带开扇(圆形)安装分别列项,以10 m² 计算。

⑦圆形玻璃窗圆(半圆、门窗之上半圆形)形。圆形玻璃窗圆(半圆、门窗之上半圆形)形制作、圆形玻璃窗圆(半圆、门窗之上半圆形)形安装分别列项,以10 m² 计算。

(2)普通木门

1)工作内容。与普通木窗的工作内容相同。

2)分项内容。

①按镶板门、胶合板(纤维板)带纱扇、胶合板(纤维板)门、半截玻璃门(不)带纱门、全玻璃门(不)带纱门、拼板门、自由门、百叶门、纱门扇、纱门亮子10 m² 扇面积分别列项,以10 m² 计算。

②按木门框下坎单(双)截面口分别列项,以10 m 计算。

(3)木装修

1)工作内容。制作,安装,油漆,板面处理,保养,搭拆脚手架。

2)分项内容。

①按窗台板板厚(cm)、筒子板分别列项,以10 m² 计算。

②按窗帘盒带木棍、窗帘盒带金属轨、挂镜线、门窗贴脸分别列项,以10 m 计算。

(4)间墙壁

1)工作内容。制作及安装木搁栅,装面板,钉贴脸,板面处理刨光,油漆。

2)分项内容。按抹灰间壁、板间壁、木墙裙、护墙板分别列项,以10 m² 计算。

(5)顶栅木楞

1)工作内容。龙骨安装,固定,支撑,弹线,安装搁栅,钉木楞,搭拆脚手架。

2)分项内容。按普通顶栅搁在墙上或混凝土梁上、吊在屋架桁条上,普通顶栅吊在混凝土板下、斜钉在檩木上(斜天栅)、钙塑板、吸音板顶栅搁在墙上或混凝土梁上、吊在屋架桁条上,钙塑板、吸音板顶栅吊在混凝土板下分别列项,以10 m² 计算。

(6)顶栅面层

1)工作内容。安装,面板加工,钉板,固定压条,铺钉,抹灰,搭拆脚手架。

2)分项内容。

①按板条、钢丝网、薄板、吸音板(不)穿孔、钙塑板(不)带压条、胶合板(纤维板)、隔间板、沿口顶栅(包括楞木)、钉压条分别列项,以 10 m^2 计算。

②按顶栅检查洞、顶栅通风洞分别列项,以 10 个计算。

(7)木楼地楞

1)工作内容。安装木搁栅,弹线,钉木楞,固定,支撑。

2)分项内容。按方木楞(不)带剪刀撑、圆木楞(不)带平撑分别列项,以 10 m^2 计算。

(8)木楼板及踢脚线

1)工作内容。铺钉搁栅,铺板,拼花,钉卡挡搁栅,刻通风槽,钉毛地板,钉踢脚板,面刨光,处理,钉踢脚线,靠墙地面刨光刨平处理。

2)分项内容。按平口板、企口板、硬木企口板、席纹地板、木踢脚板分别列项,以 10 m^2 计算。

(9)地板、踢脚线制作

1)工作内容。铺钉搁栅,铺板,拼花,钉卡挡搁栅,刻通风槽,钉毛地板,钉踢脚板,面刨光,处理,钉踢脚线,靠墙地面刨光刨平处理。

2)分项内容。按平口木地板、企口木地板、板宽 7.5(cm)以内、企口木地板板宽 7.5(cm)以上、硬木企口地板板宽 5 cm、席纹地板、毛地板、踢脚板分别列项,以 10 m^2 计算。

(10)木楼梯、木扶手、木栏杆

1)工作内容。安装扶手、起步弯头,整理变头制作,整修刨光,油漆。

2)分项内容。按木楼梯(10 m^2 水平投影面积)、木栏杆带木扶手、混凝土栏杆上木扶手、铁栏杆带木扶手、靠墙木扶手、靠墙钢管扶手分别列项,以 10 m 计算。

5.楼地面工程

(1)垫层

1)工作内容。

①炉渣过筛,闷灰、铺设垫层、拌和、找平、夯实。

②钢筋制作,绑扎。

③混凝土搅拌,捣固、养护。

④炉渣混合物铺设、拍实。

2)分项内容。

根据材料不同,按砂、碎石、水泥石灰炉渣,石灰炉渣、炉渣、毛石灌浆、混凝土(分无筋,有筋)分别列项。

(2)防潮层

1)工作内容。

①清理基层、调制砂浆、抹灰养护。

②熬制沥青胶,配制和刷冷底子油一道,铺贴卷材。

2)分项内容。

①抹防水砂浆按干面、立面分别列项。

②二毡三油防水层按平面、立面分别列项。

③坡顶防水层按一毡二油、二毡三油分别列项。

④圆形攒尖顶屋面防水层按一毡二油、二毡三油分别列项。

(3)找平层

1)工作内容。

①清理底层。

②调制水泥砂浆、抹平、压实。

③细石混凝土的搅拌、振捣、养护。

2)分项内容。

①水泥砂浆以 2 cm 厚为基准,增减另计。

②水磨石按嵌条、不嵌条、嵌条分色分别列项。

③踢脚线按水泥砂浆面、水磨石面分别列项。

(4)整体面层

1)工作内容。

①清理底层,调制砂浆。

②刷水泥浆。

③砂浆抹面、压光。

④磨光、清洗、打蜡及养护。

2)分项内容。与找平层的分项内容相同。

(5)块料面层

1)工作内容。

①清理底层,调制砂浆,熬制沥青胶。

②刷素水泥浆,砂浆找平。

③铺结合层、贴块料面层、填缝、养护。

2)分项内容。

根据材料不同,按瓷砖地面,马赛克面层、大理石面层,水磨石板地面,水磨石板踢脚线分别列项。

(6)散水、明沟、台阶、斜坡

1)工作内容。

①挖土或填土,夯实底层、铺垫层。

②铺面、裁边、灌浆。

③混凝土搅拌、捣固、养护。

④砂浆调制、抹面、压光。

⑤磨光、上蜡。

⑥剁斧斩假石面。

2)分项内容。

①混凝土散水坡、混凝土斜坡、毛石散水坡、平铺砖散水砂浆灌缝(砂浆抹面)、混凝土台阶水泥砂浆面分别列项,工程量以 10 mm² 计算。

②混凝土台阶。按水泥浆面、斩假石面、水磨石面、砖台阶水泥砂浆面分别列项,工程量以 10 m² 计算。

③砖砌明沟、混凝土明沟分别列项,工程量以 10 m 计算。

④水泥管沟头列项,工程量以 10 个计算。

(7)伸缩缝

1)工作内容。清理场地,浇灌,修缝隙,打磨。

2)分项内容。按油浸麻丝(平面)、油浸麻丝(立面)、油浸木丝板、石灰麻刀(平面)、石灰麻刀(立面)、沥青砂浆、铁皮盖面(平面)、铁皮盖面(立面)、建筑油膏分别列项,工程量以 10 m 计算。

6.抹灰工程

(1)水泥砂浆、石灰砂浆

1)工作内容。

①清理基层,堵墙眼,调运砂浆。

②抹灰、找平、罩面及压光。

③起线、格缝嵌条。

④搭拆 3.6 m 高以内脚手架。

2)分项内容。

①天棚抹灰按不同基层、不同砂浆分别列项。

②墙面抹灰按不同墙面、不同基层、不同砂浆分别列项。

③柱、梁面抹灰按不同砂浆分别列项,工程量按展开面积计算。

④挑沿、大沟、腰线、栏杆、扶手、门窗套、窗台线、压顶等抹灰均以展开面积计算。

⑤阳台、雨篷抹灰按水平投影面积计算,定额中已包括底面、上面、侧面及牛腿的全部抹灰面积。但阳台的栏板、栏杆抹灰应另列项目计算。

(2)装饰抹灰

1)工作内容。

①清理基层,堵墙眼,调运砂浆。

②嵌条、抹灰、找平、罩面、洗刷、剁斧、粘石、水磨、打蜡。

2)分项内容。

①剁假石。分别按砖墙面、墙裙;柱、梁面;挑檐、腰线、栏杆、扶手;窗台线、门窗线压顶;阳台、雨篷(水平投影面积)列项。

②水刷石。分别按砖墙、砖墙裙;毛石墙、毛石墙裙;柱、梁面;挑檐、天沟、腰线、栏杆;窗台线、门窗套、压顶;阳台、雨篷(水平投影面积)列项。

③干粘石。分别按砖墙面、砖墙裙;毛石墙面、毛石墙裙;柱、梁面;挑檐、腰线、栏杆、扶手;窗台线、门窗套、压顶;阳台、雨篷(水平投影面积)列项。

④水磨石。分别按墙面、墙裙、柱、梁面、窗台板、门窗套、水池等小型项目列项。

⑤拉毛。按墙面、柱梁面分别列项。

(3)镶贴块料面层

1)工作内容。

①清理表面、堵墙眼。

②调运砂浆、底面抹灰找平。

③镶贴面层(含阴阳角),修嵌缝隙。

2)分项内容。

①瓷砖、马赛克、水磨石板分别按墙面墙裙、小型项目列项。

②人造大理石、天然大理石按墙面墙裙、柱梁及其他分别列项。

③面砖按勾缝、不勾缝分别列项。

(4)墙面勾缝

1)工作内容。调运砂浆,清理表面,洗刷,抹灰,找平。

2)分项内容。

①水泥砂浆砖墙面毛石墙面平(凸)缝、水泥膏凸(凹)缝分别列项,工程量以 10 m^2 计算。

②砖墙面列项。工程量以 10 m^2 计算。

7.园林工程

(1)整理绿化地

1)工作内容。

①清理场地(不包括建筑垃圾以及障碍物的清除)。

②厚度 30 cm 以内的挖、填、找平。

③绿地整理。

2)细目划分。工程量以 10 m^2 计算。

(2)起挖乔木(带土球)

1)工作内容。起挖、包扎出坑、搬运集中、回土填坑。

2)细目划分。按土球直径档位分别列项,特大或名贵树木另行计算。

(3)起挖乔木(裸根)

1)工作内容。起挖、出坑、修剪、打浆、搬运集中、回土填坑。

2)细目划分。按胸径档位列项。特大或名贵树木另行计算。

(4)栽植乔木(带土球)

1)工作内容。挖坑、栽植(落坑、扶正、回土、捣实、筑水围)、浇水、覆土、保墒、整形、清理。

2)细目划分。按土球直径档位列项,特大或名贵树木另行计算。

(5)栽植乔木(裸根)

1)工作内容。与栽植乔木(带土球)相同。

2)细目划分。按胸径档位分别列项。特大或名贵树木另行计算。

(6)起挖灌木(带土球)

1)工作内容。起挖、包扎、出坑、搬运集中、回土填坑。

2)细目划分。按土球直径分别列项,特大或名贵树木另行计算。

(7)起挖灌木(裸根)

1)工作内容。起挖、出坑、修剪、打浆、搬运集中、回土填坑。

2)细目划分。按冠丛高度档位列项。

(8)栽植灌木(带土球)

1)工作内容。挖坑、栽植(扶正、捣实、回土、筑水围)、浇水、覆土、保墒、整形、清理。

2)细目划分。按土球直径档位分别列项,特大或名贵树木另行计算。

(9)栽植灌木(裸根)

1)工作内容。与栽植灌木(带土球)相同。

2)细目划分。按冠丛高度档位分别列项。

(10)起挖竹类(散生竹)

1)工作内容。起挖、包扎、出坑、修剪、搬运集中、回土填坑。

2)细目划分。按胸径档位分别列项。

(11)起挖竹类(丛生竹)

1)工作内容。与起挖竹类(散生竹)相同。

2)细目划分。按根盘丛径档位分别列项。

(12)栽植竹类(散生竹)

1)工作内容。挖坑、栽植(扶正、捣实、回土、筑水圈)、浇水、覆土、保墒、整形、清理。

2)细目划分。按胸径档位分别列项。

(13)栽植竹类(丛生竹)

1)工作内容。与栽植竹类(散生竹)相同。

2)细目划分。按根盘丛径档位分别列项。

(14)栽植绿篱

1)工作内容。开沟、排苗、回土、筑水围、浇水、覆土、整形、清理。

2)细目划分。按单、双排和高度档位分别列项,工程量以 10 延长米计算。

(15)露地花卉栽植

1)工作内容。翻土整地、清除杂物、施基肥、放样、栽植、浇水、清理。

2)细目划分。按草本花、木本花、球块根类、一般图案花坛、彩纹图案花坛分别列填。

(16)草皮铺种

1)工作内容。翻土整地、清除杂物、搬运草皮、浇水、清理。

2)细目划分。按散铺、满铺、直生带、播种分别列项,种苗费未包括在定额内,另行计算。

(17)栽植水生植物

1)工作内容。挖淤泥、搬运、种植、养护。

2)细目划分。按荷花、睡莲分别列项。

(18)树木支撑

1)工作内容。制桩、运桩、打桩、绑扎。

2)细目划分。

①树棍桩按四脚桩、三脚桩、一字桩、长单桩、短单桩、铅丝吊桩分别列项。

②毛竹桩按四脚桩、三脚桩、一字桩、长单桩、短单桩、预制混凝土长单桩分别列项。

(19)草绳绕树干

1)工作内容。搬运草绳、绕干、余料清理。

2)细目划分。按树干胸径档位分别列项,工程量以延长米计算。

(20)栽植攀缘植物

1)工作内容。挖坑、栽植、回土、捣实、浇水、覆土、施肥、整理。

2)细目划分。按3年生、4年生、5年生、6~8年生分别列项,工程量以100株为单位计算。

(21)假植

1)工作内容。挖假植沟、埋树苗、覆土、管理。

2)细目划分。

①裸根乔木。按胸径档位分别列项,工程量以株为单位计算。

②裸根灌木。按冠丛高度档位分别列项,工程量以株为单位计算。

(22)人工换土

1)工作内容。装、运土到坑边。

2)细目划分。

①带土球乔灌木。按土球直径档位分别列项,工程量以株为单位计算。

②裸根乔木。按胸径档位分别列项,工程量以株为单位计算。

③裸根灌木。按冠丛高度档位分别列项,工程量以株为单位计算。

8.堆砌假山及塑假石山工程

(1)堆砌假山

1)工作内容。

①放样、选石、运石、调运砂浆(混凝土)。

②堆砌,搭、拆简单脚手架。

③塞垫嵌缝,清理,养护。

2)分项内容。

①湖石假山、黄石假山、整块湖石峰、人造湖石峰、人造黄石峰、石笋安装、土山点石均按高度档位分别列项。

②布置景石按质量(t)档位分别列项。

③自然式护岸按湖石计算的,如采用黄石砌筑,则湖石换算成黄石,数量不变。

(2)塑假石山

1)工作内容。

①放样划线,挖土方,浇混凝土垫层。

②砌骨架或焊钢骨架,挂钢网,堆砌成型。

2)分项内容。

①砖骨架塑假山。按高度档位分别列项。如设计要求做部分钢筋混凝土骨架时,应进行换算。

②钢骨架塑假山。如基础、脚手架、主骨架的工料费未包括在内的,应当另计。

9.园路及园桥工程

(1)园路

1)土基整理

厚度在 30 cm 以内挖、填土、找平、夯实、修整,弃土于 2m 以外。

2)垫层

①工作内容。筛土、浇水、拌和、铺设、找平、灌浆、震实、养护。

②细目划分。按砂、灰土、煤渣、碎石、混凝土分别列项。

3)面层

①工作内容。放线、修整路槽、夯实、修平垫层、调浆、铺面层、嵌缝、清扫。

②细目划分。

a.卵石面层。按彩色拼花,素色(含彩边)分别列项。

b.现浇混凝土面层。按纹形,水刷分别列项。

c.预制混凝土块料面层。按异形、大块、方格、假冰片分别列项。

d.石板面层。按方整石板、冰纹石板分别列项。

e.八五砖面层。按平铺、侧铺分别列项。

f.瓦片、碎缸片、弹石片、小方碎石、六角板面层应分别列项。

(2)园桥

1)工作内容。选石、修石、运石,调、运、铺砂浆,砌石,安装桥面。

2)分项内容。

①毛石基础、桥台(分毛石、条石)、条石桥墩、护坡(分毛石、条石)应分别列项。工程量均按图示尺寸以立方米(m³)计算。

②石桥面以 10 m² 计算。

③园桥挖土、垫层、勾缝及有关配件制作、安装应当套用相应项目另计。

10.园林小品工程

(1)堆塑装饰

1)塑松(杉)树皮、竹节竹片、壁画

①工作内容。调运砂浆,找平,压光,塑面层,清理,养护。

②工程量按展开面积以 10 m² 计算。

2)塑松树棍(柱)、竹棍

①工作内容。钢筋制作、绑扎、调制砂浆、底层抹灰、现场安装。

②细目划分。

a.预制塑松棍。按直径档位分别列项。

b.塑松皮柱。按直径档位分别列项。

c.塑黄竹、塑金丝竹。按直径档位分别列项。

(2)小型设施

1)水磨石小品

①工作内容。模板制作、安装及拆除,钢筋制作及绑扎,混凝土浇捣,砂浆抹平,构件养护,磨光打蜡,现场安装。

②分项内容及工程量计算。

a.景窗。按断面积档位、现场与预制分别列项,工程量以 10 延长米计算。

b.平板凳。按现浇与预制分别列项,工程量以 10 延长米计算。

c.花槽、角花、博古架。均按断面积档位分别列项,工程量以 10 延长米计算。

d.木纹板。按面积以平方米(m²)计算。

e.飞来椅。以 10 延长米计算。

2)小摆设及混凝土栏杆

①工作内容。放样,挖,做基础,调运砂浆,抹灰,模板制作安装及拆除,钢筋制作绑扎,混凝土浇捣,养护及清理。

②分项内容及工程量计算。

a.砖砌小摆设按砌体体积以立方米(m³)计算。砌体抹灰按展开面积以 10 m² 计算。

b.预制混凝土栏杆按断面尺寸、高度分别列项。工程量以 10 延长米计算。

3)金属栏杆

①工作内容。下料、焊接、刷防锈漆一遍,刷面漆两遍,放线、挖坑、安装、灌浆覆土、养护。

②分项内容。按简易、普遍、复杂分别列项。工程量以 10 延长米计算。

3.7.2 《北京市建设工程预算定额》

《北京市建设工程预算定额》关于绿化工程工程量计算的内容如下:

1.册说明

(1)《北京市建设工程预算定额》第九册《绿化工程》共六章:人工整理绿化用地、种植工程、掘苗及场外运苗工程、客土工程、绿地喷灌和后期管理费。

(2)《绿化工程》根据北京市园林局《城市绿化植树工程施工规范》的质量技术要求,编制了苗木规格与种植穴(坑)、槽对照表,具体见表 3.8。

表 3.8　苗木规格与种植穴(坑)、槽对照表　　　　　　　　　　　株

类别	规　格		乔木(根幅)/cm	土球(直径×高)/cm	木箱/cm	圆坑(直径×高)/cm	方坑/cm	槽沟/cm	说明
	胸径/cm	树高/m							
露根乔木	3~5		40×30			70×50			
	5~7		50×40			80×60			
	7~10		85×60			100×70			
	10~13		100×70			120×80			
	13~15		110×80			130×90			
	15~20		120×80			150×90			
	20~25		150×80			170×90			

续表 3.8

类别	规格 胸径/cm	规格 树高/m	乔木(根幅)/cm	土球(直径×高)/cm	木箱/cm	圆坑(直径×高)/cm	方坑/cm	槽沟/cm	说明
土球苗木		0.8~1.0	50×40			70×60			
		1.01~2.0	70×50			100×70			
		2.01~3.0	80×60			110×80			
		3.01~4.0	100×70			130×90			
		4.01~5.0	110×90			140×100			
		5.01~6.0	120×90			150×100			
		6.01~7.0	150×100			180×110			
		7.01~8.0	160×100			190×110			
		8.01~9.0	200×120			230×130			
露根灌木		1.2~1.5	30×20			60×40			3株以上
		1.5~1.8	40×30			70×50			
		1.8~2.0	50×30			80×50			
		2.0~2.5	70×40			90×60			
木箱苗木	15~18				150×150×80	250×250×80			
	19~24				180×180×80	300×300×100			
	25~27				200×200×90	320×320×110			
	28~30				200×200×90	350×350×110			
	30~34				260×260×110	390×390×130			
单行绿篱		1.0~1.2	30×20					50×40	
		1.2~1.5	50×30					70×50	
		1.5~2.0	60×40					100×60	
双行绿篱		1.0~1.2	30×20					60×40	
		1.2~1.5	50×30					80×50	
		1.5~2.0	60×40					120×60	
攀缘植物		3年生					20×20		
		4年生					30×30		
		5年生					40×40		
		6~8年生					50×40		
丛生竹		1.3~2.0	50×40			90×60			5根以上
		2.0~2.5	60×50			100×70			
		2.5~3.0	70×50			110×70			

(3)除各章另有说明外,定额中的人工及材料消耗量等均不得调整。

(4)凡珍贵树种或胸径在 25 cm 以上的落叶乔木,树高在 6 m 以上的常绿乔木为大树移植。大树移植所需增加人工、材料、设备及技术措施费用等均应另计。

(5)北京市正常种植季节时间规定如下:

1)春季植树:3 月中旬至 4 下旬。

2)雨季植树:雨季时节,约 7 月下旬至 8 月上旬。

3)秋季植树:10 月下旬至 11 月下旬。

4)铺种草坪、木本(盆移)花卉、草花:4 月下旬至 9 月下旬。

非正常种植季节施工时所发生的费用,应当另计。

(6)本定额中的混凝土、砂浆强度等级是按常用标准列出的,如设计要求与定额不同时,允许换算。

(7)土壤分类

1)普坚土是指砂、砂质粘土、黄土、种植土、软块碱土、中等到密实的粘土、工程垃圾堆积土、压实的填筑土和含 15% 以内的碎卵石的杂质黄土等。

2)砂砾坚土是指经在压实或坚实的粘土、板状黄土、密实硬化的碱土含碎卵石在 30% 以内其粒径在 30 cm 以内的杂质粘土、天然级配砂石等。

2.人工整理绿化用地说明及工程量计算规则

(1)说明

1)本章包括人工整理绿化用地、挖土方,挖拆各种路面、垫层,代树、挖树根,机械运渣土,屋顶花园基底处理等 5 节 49 个子目。

2)人工整理绿化用地,是绿化工程施工前的地坪整理,每个绿化工程均应计算一次。

3)本章人工整理绿化用地,定额中已包括了 100 m 以内的土方倒运,如实际运距超过 100 m 时,每超过 50 m(不足 50 m 按 50 m 计算),其增加运费按相应定额子目执行。

4)凡绿化工程用地自然地坪与设计地坪相差在 ±30 cm 以内,执行人工整理绿化用地相应定额子目;在 ±30 cm 以外,则分别执行挖土方或回填土相应定额子目。

5)砍挖灌木林每 1 000 m²,220 棵以下为稀,220 棵以上为密。

6)屋顶花园基底处理,定额中不包括垂直运输费用,发生时另行计算。

(2)工程量计算规则

1)人工整理绿化用地按设计图示尺寸以平方米(m²)计算。

2)原土过筛以立方米(m³)计算。按附表规定计算。

3)渣土外运以立方米(m³)计算。

①自然地坪与设计地坪标高相差在 ±30 cm 以内时,整理绿化用地渣土量按每平方米 0.05 m³ 计算。

②自然地坪与设计地坪标高相差在 ±30 cm 以外时,整理绿化用地渣土量按挖土方与填土方之差计算。

③筛土项目、客土项目、种植苗木渣土量按表 3.9 的规定计算。

表 3.9　筛土、筛余渣土、渣土、客土量计算表

类别	规　格		筛土量、渣土/(m³·株⁻¹)	筛余渣量/(m³·株⁻¹)	客土量/(m³·株⁻¹)	说明
	胸径/cm或树高/m	方坑/cm				
露根乔木	3~5	70×50	0.192	0.058	0.192	—
	5~7	80×60	0.3	0.09	0.3	—
	7~10	100×70	0.55	0.165	0.55	—
	10~13	120×80	0.905	0.272	0.905	—
	13~15	130×90	1.195	0.359	1.195	—
	15~20	50×90	1.59	0.477	1.590	—
	20~25	170×90	2.043	0.613	2.043	—
露根灌木	1.2~1.5	60×40	0.113	0.034	0.113	—
	1.5~1.8	70×50	0.192	0.058	0.192	—
	1.8~2.0	80×50	0.251	0.075	0.251	—
	2.0~2.5	90×60	0.382	0.115	0.382	—
攀缘植物	3年生	20×20	0.006	0.002	0.006	—
	4年生	30×30	0.021	0.004	0.021	—
	5年生	40×40	0.05	0.015	0.05	—
	6~8年生	50×40	0.07	0.024	0.079	—

注:渣土含量按30%计算。

类别	规　格		土球土量/(m³·株⁻¹)	坑径土量/(m³·株⁻¹)	筛土量/(m³·株⁻¹)	筛余渣量/(m³·株⁻¹)	渣土量/(m³·株⁻¹)	客土量/(m³·株⁻¹)	说明
	球径/cm	坑径/cm							
土球苗木	50×40	70×60	0.078	0.23	0.152	0.045	0.123	0.152	—
	70×50	100×70	0.192	0.55	0.358	0.107	0.299	0.358	—
	80×60	110×80	0.302	0.76	0.458	0.137	0.439	0.458	—
	100×70	130×90	0.550	1.195	0.645	0.194	0.744	0.645	—
	110×90	140×100	0.855	1.539	0.684	0.205	1.06	0.684	—
	120×90	150×100	1.017	1.767	0.75	0.225	1.242	0.750	—
	150×100	180×110	1.767	2.799	1.032	0.309	2.077	1.032	—
	160×100	190×110	2.011	3.119	1.108	0.332	2.343	1.108	—
	200×120	230×130	3.168	4.493	1.325	0.398	3.566	1.325	—

类别	规格		土球土量 /(m³·株⁻¹)	坑径土量 /(m³·株⁻¹)	筛土量 /(m³·株⁻¹)	筛余渣土量 /(m³·株⁻¹)	渣土量 /(m³·株⁻¹)	客土量 /(m³·株⁻¹)	说明
	球径/cm	坑径/cm							
单行绿篱	30×30	50×40	0.074	0.2	0.126	0.038	0.112	0.126	3.5株/m
	50×30	70×50	0.206	0.35	0.144	0.043	0.249	0.144	
	60×40	100×60	0.396	0.6	0.204	0.061	0.457	0.204	
双行绿篱	30×30	60×40	0.106	0.24	0.134	0.04	0.146	0.134	5株/m
	50×30	80×50	0.295	0.4	0.105	0.032	0.326	0.105	
	60×40	120×60	0.565	0.72	0.155	0.047	0.612	0.115	

注:土球土量+筛余渣土量=渣土量。

类别	规格		土球土量 /(m³·株⁻¹)	坑径土量 /(m³·株⁻¹)	筛土量 /(m³·株⁻¹)	筛余渣土量 /(m³·株⁻¹)	渣土量 /(m³·株⁻¹)	客土量 /(m³·株⁻¹)	说明
	球径/cm	坑径/cm							
木箱苗木	150×150×80	250×250×100	1.800	6.250	4.450	1.335	3.135	4.450	—
	180×180×80	300×300×100	2.592	9.000	6.408	1.922	4.514	6.408	—
	200×200×90	320×320×110	3.600	11.264	7.664	2.299	5.899	7.664	—
	220×220×90	350×350×110	4.356	13.475	9.119	2.736	7.092	9.119	—
	260×260×110	390×390×130	7.436	19.773	12.337	3.701	11.137	12.337	—
丛生竹	50×40	90×60	0.079	0.382	0.303	0.091	0.169	0.303	—
	60×50	100×70	0.141	0.550	0.409	0.123	0.264	0.409	—
	70×50	110×70	0.192	0.665	0.473	0.142	0.334	0.473	—
草坪、地被、花卉:种植土厚度为30 cm				0.09			0.30	0.30	—

④除以上规定渣土量计算外,其他均按"原土原还"原则,都不允许计算渣土量。

4)拆除各种垫层、基础墙以立方米(m³)计算;拆除路面以平方米(m²)计算。

5)伐树、挖树根以棵计算。

6)砍挖灌木林,割、挖草皮以平方米(m²)计算。

7)挖竹根以立方米(m³)计算。

8)屋顶花园基底处理分作法以平方米(m²)计算;软式透水管分规格以米(m)计算。

3.种植工程说明及工程量计算规则

(1)说明

1)本章包括普坚土种植、砂砾坚土种植、种植攀缘植物、草坪花卉、喷播植草、浇水车浇水等5节共133个子目。

2)本章已包括挖穴(坑)槽、假植、修剪、场内苗木搬运、施肥、种植、立支柱、浇水,施工期的维护,是根据"城市绿化植树工程施工规范"质量技术要求及合理的施工方案编制的,除另有规定的之外均不得调整。

3)本章种植工程均为不完全价,未包括苗木本身价值。苗木按设计图示要求的树种、规格、数量并计取相应的损耗率计算。

①裸根乔木、裸根灌木损耗率为 1.5%;

②绿篱、色带、攀缘植物损耗率为 2%;

③丛生竹、草根、草卷、花卉损耗率为 4%。

4)凡种植工程所用苗木,均应由承包绿化工程施工单位负责采购种植,种植成活率达到 95%以上。如果建设单位自行采购供应苗木,则苗木成活率由双方另行商定。

5)本章不含特殊工程的树木移植。

6)凡在绿化工程施工现场内建设单位不能提供水源时,按其各类苗木种植相应定额子目另计浇水车台班费。

7)攀缘植物、草坪、花卉不分土壤类别均执行本定额。

8)若在屋顶花园上种植,另计垂直运输费用。

9)苗木计量规定如下:

①胸径。胸径是指距地坪 1.30m 高处的树干直径。

②株高。株高是指树顶端距地坪高度。

③篱高。篱高是指绿篱苗木顶端距地坪高度。

④生长年限。生长年限是指苗木种植时起至起苗时止的生长期。

(2)工程量计算规则

1)苗木根据设计图示要求的种类、规格分别以株、株丛、米(m)、平方米(m²)计算。

2)苗木种植。按不同土壤类别分别计算。

①裸根乔木。按不同胸径以株计算;

②裸根灌木。按不同高度以株计算;

③土球苗木。按不同土球规格以株计算;

④木箱苗木。按不同箱体规格以株计算;

⑤绿篱。按单行或双行不同篱高以米(m)计算;

⑥攀缘植物。按不同生长年限以株计算;

⑦草坪、色带(块)、宿根和花卉。以平方米(m²)计算(宿根花卉 9 株/平方米,色块 12 株/平方米,木本花卉 5 株/平方米,或根据设计要求的株数计算苗木每平方米数量);

⑧丛生竹。按不同的土球规格以株丛计算;

⑨喷播植草。按不同的坡度比、坡长以平方米(m²)计算。

3)浇水车浇水,按不同种植类别、规格、年限以株、米(m)、平方米(m²)、株丛计算。

4.掘苗及场外运苗工程说明及工程量计算规则

(1)说明

1)本章包括普坚土掘苗、砂砾坚土掘苗、场外运苗等 3 节共 36 个子目。

2)掘苗、运苗定额项目适用于苗圃外胸径在 6cm 以上乔木,株高在 5m 以上常绿乔木。

(2)工程量计算规则

1)掘苗。按不同土质、苗木、箱体规格以株计算。

2)运苗。按不同苗木、箱体规格以株计算。

5.客土工程说明及工程量计算规则

(1)说明

1)本章包括裸根乔木、土球苗木、裸根灌木、绿篱、木箱苗木、丛生竹、攀缘植物、草坪、花卉等项目客土(换土)7 节共 37 个子目。

2)种植苗木应根据设计图纸要求进行客土,设计无明确要求而实际土质不良,按种植质量技术要求客土,应先办妥洽商手续,方可客土。

3)土方运输按第一章人工整理绿化用地的相应定额子目执行。

(2)工程量计算规则

1)裸根乔木、灌木、攀缘植物和竹类。按其不同坑体规格以株计算。

2)土球苗木。按不同球体规格以株计算。

3)木箱苗木。按不同的箱体规格以株计算。

4)绿篱。按不同槽(沟)断面,分单行双行以米(m)计算。

5)色块、草坪、花卉。按种植面积以平方米(m²)计算。

6.绿地喷灌说明及工程量计算规则

(1)说明

1)本章包括管道、阀门、喷灌喷头安装,水表组成与安装,管道及铁件刷油,井体砌筑等 6 节共 110 个子目。

2)管道安装不分地面明装和地下直埋,均执行本定额。

3)地面明装管道如需安装铁件时,应另行计算其本身价值,但安装费及操作损耗均不另行计算。

4)地下直埋管道的土方工程,执行本定额第一章挖土方相应定额子目。

5)本章中给水井砌筑执行给水井砌筑子目,井子目中所需项目本章不能满足时应执行第五册《给排水、采暖、燃气工程》相应项目。

6)建设单位或设计单位要求对喷灌安装工程进行喷灌调试,其调试费用按喷灌安装工程直接费的 1%计算,列入直接费。

(2)工程量计算规则

1)管道安装。

①管道按图示管道中心线长度以米(m)计算;不扣除阀门、管件及其附件等所占的长度。

②直埋管道的土方工程。

a.回填土,按管道挖土体积计算,管径在 500mm 以内的管道所占何种不予扣除。

b.UPVC 给水管固筑应按设计图示以处计算。

2)阀门分压力、规格及连接方式以个计算。

3)水表分规格和连接方式以组计算。

4)喷头分种类以个计算。

5)管道刷油分管径以米(m)计算;铁件刷油以公斤计算。

6)给水井砌筑以立方米(m³)计算。

7.后期管理费说明及工程量计算规则

(1)说明

1)本章包括乔木及果树、灌木、绿篱、冷草、暖草、花卉、攀缘植物、丛生竹、宿根、色带等 1 节共 10 个子目。

2)后期管理费是指已经竣工验收的绿化工程,对其栽植的苗木、绿篱等植物当年成活所发生的浇水、施肥、防治病虫害、修剪、除草及维护等管理费用。

3)果树类的后期管理费按照乔木后期管理费相应定额子目执行。

(2)工程量计算规则

1)乔木(果树)、灌木、攀缘植物以株计算。

2)绿篱以米(m)计算。

3)草坪、花卉、色带、宿根以平方米(m²)计算。

4)丛生竹以株丛计算。

第4章 风景园林工程设计概算

4.1 风景园林工程设计概算的编制

4.1.1 设计概算的分类

设计概算分为三级概算,分别为单位工程概算、单项工程综合概算和建设项目总概算。

(1)单位工程概算

单位工程概算是确定各单位工程建设费用的文件,是编制单项工程综合概算的依据,是单项工程综合概算的组成部分。单位工程概算按照工程的性质可分为建筑工程概算和设备及安装工程概算两大类。

(2)单项工程综合概算

单项工程综合概算是确定一个单项工程所需建设费用的文件,是由单项工程中的各单位工程概算汇总编制而成的,是建设项目总概算的组成部分。

(3)建设项目总概算

建设项目总概算是确定整个建设项目从筹建到竣工验收所需全部费用的文件,是由各个单项工程综合概算以及工程建设其他费用和预备费用概算汇总编制而成的。其组成内容如图4.1所示。

4.1.2 设计概算的作用

(1)设计概算是编制投资计划的依据。经批准的设计概算是计划部门编制建设项目年固定资产投资计划的依据,并据此严格控制投资计划的实施。若建设项目实际投资数额超过了总概算,需要追加投资时,必须在原设计单位和建设单位共同提出追加投资的申请报告基础上,经上级计划部门审核批准。

(2)设计概算是进行拨款和贷款的依据。经批准的设计概算和年度投资计划是建设银行进行拨款和贷款的依据,并据此对其严格实行监督控制。对超出概算的部分,建设银行必须经过计划部门批准,方可追加拨款和贷款。

(3)设计概算是实行投资包干的依据。在进行投资包干时,单项工程综合概算及建设项目总概算是投资包干指标商定及确定的基础,尤其是经上级主管部门批准的设计概算或者修正概算,是主管单位和包干单位签订包干合同以及控制包干数额的依据。

(4)设计概算是确定建设项目、各单项工程及各单位工程投资的依据。对于按照规定报请有关部门或单位批准的初步设计及总概算,一经批准即作为建设项目静态总投资的最高限额,不得任意突破,如必须突破时,须报原审批部门(单位)批准。

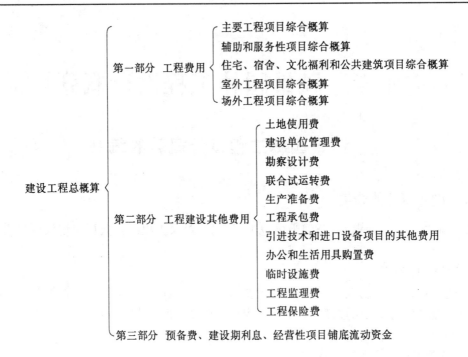

图 4.1　建设工程总概算组成内容

(5)设计概算是考核设计方案的经济合理性和控制施工图预算的依据。为了提高设计质量和经济效果,设计单位应当根据设计概算进行技术经济分析和多方案评价。同时还要保证施工图预算在设计概算的范围内。

(6)设计概算是进行各种施工准备、设备供应指标、加工订货以及落实各项技术经济责任制的依据。

(7)设计概算是控制项目投资,考核建设成本,提高项目实施阶段的工程管理遗迹经济核算水平的必要手段。

4.1.3　设计概算的编制依据

(1)经批准的建设项目计划任务书。计划任务书是由国家或地方基建主管部门批准的,其内容会随建设项目的性质而有所不同。通常包括建设目的、建设理由、建设规模、建设布局、建设内容、建设进度、建设投资、产品方案和原材料来源等。

(2)初步设计或扩大初步设计图纸和说明书。初步设计图纸和说明书是编制设计概算的基础资料,有了这些资料才能了解其设计内容和要求,并计算主要工程量。

(3)概算指标、概算定额和综合预算定额。概算指标、概算定额和综合概算定额是由国家或地方基建主管部门颁发的,其作为计算价格的依据,不足部分可参照预算定额或者其他有关资料。

(4)设备价格资料。各种定型设备,例如各种用途的泵、空压机、蒸汽锅炉等,均按国家有关部门规定的现行产品出厂价格进行计算,非标准设备则按非标准设备制造厂的报价计算。另外,还要增加供销部门的手续费、包装费、运输费以及采购保管等费用资料。

(5)地区工资标准和材料预算价格。

(6)有关取费标准和费用定额。

4.1.4　设计概算的编制程序和质量控制

(1)编制设计概算文件的有关单位应当共同制定编制原则、方法,一并确定合理的概算投资水平,共同对设计概算的编制质量、投资水平负责。

(2)设计概算文件需要经过编制单位自审,建设单位(项目业主)复审以及工程造价主管部门审批。

(3)设计概算文件的编制与审查人员必须具有国家注册造价工程师资格,或具有省市(行业)颁发的造价员资格证,并根据工程项目的大小按照持证专业承担相应的编审工作。

(4)项目设计和概算的负责人应对全部设计概算的质量负责;设计概算文件的编制人员应参与设计方案的讨论;并要树立以经济效益为中心的观念,严格按照经批准的工程内容及投资额度设计,提出满足设计概算文件编制深度的技术资料;设计概算文件的编制人员对投资的合理性负责。

(5)各造价协会(或者行业)、造价主管部门可根据所主管的工程特点制定设计概算编制质量的管理办法,并对编制人员采取相应的措施进行考核。

4.2　风景园林工程设计概算的审核

4.2.1　审核设计概算的编制依据

需重点审核的设计概算的编制依据主要包括国家综合部门的文件,国务院主管部门和各省、市、自治区根据国家规定或授权制定的各种规定及办法,以及建设项目的设计文件等。

(1)审核编制依据的合法性

设计概算所采用的各种编制依据必须经过国家或授权机关批准,符合国家的编制规定,未经批准的不允许采用。另外,也不能强调情况特殊,擅自提高概算定额、指标或费用标准。

(2)审核编制依据的时效性

编制设计概算的各种依据,例如定额、指标、价格和取费标准等,都应根据国家有关部门的现行规定进行,同时要注意有无调整和新的规定。有的虽然颁发时间较长,但不能全部适用;还有的应按有关部门规定的调整系数执行。

(3)审核编制依据的适用范围

设计概算的各种编制依据都有其规定的适用范围,例如各主管部门规定的各种专业定额及其取费标准,只适用于该部门的专业工程;各地区规定的各种定额及其取费标准,只适用于该地区。地区的材料预算价格区域性更强,例如某市有该市区的材料预算价格,又编制了郊区内一个矿区的材料预算价格,如果是在该市的矿区建设,其概算采用的材料预算价格就应当以矿区的价格为准,而不能采用该市区的价格。

4.2.2　审核设计概算的编制

(1)审核设计概算的编制说明

审核审核设计概算的编制说明是指检查设计概算的编制方法、深度以及编制依据等重大原则问题。

(2)审核设计概算的编制深度

大中型项目的设计概算通常都有完整的编制说明和"三级概算",即总概算表、单项工程综合概算表和单位工程概算表,并按照有关规定的深度进行编制。审核设计概算的编制深度是指审核是否有符合规定的"三级概算"以及各级概算的编制、校对和审核是否按规定签署。

(3)审核设计概算的编制范围

审核设计概算的编制范围是指审核设计概算的编制范围及其具体内容是否与主管部门批准的建设项目范围及具体工程内容相一致;审核分期建设项目的建筑范围及具体工程内容有无重复交叉的情况,是否重复计算或漏算;审核其他费用所列的项目是否都符合规定,以及静态投资、动态投资和经营性项目铺底流动资金是否都分部列出等。

4.2.3　审核的项目

(1)审核建设规模和标准

审核概算的生产能力、投资规模、设计标准、建设用地、建筑面积、主要设备、配套工程以及设计定员等是否符合原批准可行性研究报告或立项批文的要求。如概算总投资超过原批准投资估算的10%以上,则应进一步审核其超过的原因。

(2)审核设备规格、数量和配置

工业建设项目的设备投资一般比重比较大,占总投资的30%～50%,要认真审核。审核所选用的设备规格、台数是否与生产规模相一致;材质、自动化程度有无提高标准;引进的设备是否配套、合理;备用设备的台数是否适当;消防、环保设备是否合理等。另外,还要重点审核价格是否合理、是否符合有关规定,例如国产设备应按当时询价资料或有关部门发布的出厂价和信息价,而引进设备应依据询价或合同价来编制设计概算。

(3)审核工程费

建筑安装工程投资会随着工程量的增加而增加,要认真审核。审核时要根据初步设计图纸、概算定额及工程量计算规则、专业设备材料表、建(构)筑物和总图运输一览表,检查有无多算、重算或漏算的情形。

(4)审核计价指标

审核建筑工程所采用的工程所在地的计价定额、费用定额、价格指数和有关人工、材料和机械台班的单价是否符合现行规定;审核安装工程所采用的专业部门或地区定额是否符合工程所在地的市场价格水平;审核概算指标调整系数,主材价格,人工、机械台班和辅材调整系数是否符合当地的最新规定;审核引进设备的安装费率或计取标准以及部分行业专业设备的安装费率的计算是否符合有关规定等。

(5)审核其他费用

工程建设其他费用投资约占项目总投资的 25%以上,要逐项认真审核。审核费用项目的计列是否符合国家统一规定,具体费率或计取标准以及部分行业专业设备的安装费率的计算是否符合有关规定等。

4.2.4　审核方法与步骤

1.审核方法

(1)全面审核法

全面审核法是指按照全部施工图的要求,并结合有关预算定额分项工程中的工程细目,逐一进行审核的方法。其具体计算方法和审核过程与编制预算基本相同。

全面审核法的优点是全面、细致,所审核过的工程预算质量比较高,差错比较少;缺点是工作量太大。全面审核法通常适用于一些工程量比较小、工艺比较简单、编制工程预算力量比较薄弱的设计单位所承包的工程。

(2)重点审核法

重点审核法是指抓住工程预算中的重点进行审核的方法。其内容一般包括以下几方面:

1)选择工程量较大或造价较高的项目进行重点审核;

2)对补充的单价进行重点审核;

3)对计取的各项费用的费用标准及其计算方法进行重点审核。

在重点审核中,如发现问题较多,就应扩大审核范围;反之,如没有发现问题,或者发现的差错很小,则应考虑适当缩小审核范围。所以要灵活掌握重点审核工程预算的方法。

(3)经验审核法

经验审核法是指监理工程师根据以往的实践经验,审核容易发生差错的那部分工程细目的方法。例如土方工程中的平整场地、余土外运和土壤分类等,基础工程中的基础垫层、砌砖、砌石基础,钢筋混凝土组合柱,基础圈梁以及室内暖沟盖板等,都是比较容易发生差错的地方,应重点加以审核。

(4)分解对比审核法

分解对比审核法是指把一个单位工程,先按直接费与间接费进行分解,再把直接费按工种工程和分部工程进行分解,然后分别与审定的标准图预算进行对比分析的方法。

分解对比审核法是把拟审的预算造价与同类型的定型标准施工图或复用施工图的工程预算造价进行对比分析,如果出入不大,就可认为本工程预算问题不大,不再进行审核。如果出入较大,如超过或少于已审定的标准设计施工图预算造价的 1%或 3%以上(根据本地区要求),这时就要再按分部分项工程进行分解,并且要边分解边对比,哪里出入比较大,就有针对性地进一步审核那一部分工程项目的预算价格。

2.审核步骤

设计概算审核是一项复杂而又细致的技术经济工作,审核人员不仅要懂得有关专业技术知识,还应具有熟练编制概算的能力。通常情况下审核可按以下步骤进行:

(1)概算审核的准备工作

概算审核的准备工作包括以下几方面：

1)了解设计概算的内容组成、编制依据和方法。

2)了解建设规模、设计能力和工艺流程。

3)熟悉设计图纸和说明书、掌握概算费用的构成和有关技术经济指标。

4)明确概算各种表格的内涵。

5)收集概算定额、概算指标和取费标准等有关规定的文件资料等。

(2)进行概算审核

根据审核的主要内容，分别对设计概算的编制依据、单位工程设计概算、综合概算和总概算进行逐级审核。

(3)进行技术经济对比分析

利用规定的概算定额或指标以及有关技术经济指标与设计概算进行对比分析，将设计和概算列明的工程性质、结构类型、建设条件、费用构成、投资比例、生产规模、占地面积、设备数量、造价指标以及劳动定员等与国内外同类型工程规模进行对比分析，从大的方面找出其与同类型工程的距离，为审核提供线索。

(4)研究、定案、调整概算

对在审核概算中出现的问题要在对比分析、找出差距的基础上深入现场进行实际调查研究。了解设计是否经济合理；概算的编制依据是否符合现行规定和施工现场实际；有无扩大规模、多估投资或预留缺口等情况，同时还要及时核实概算投资。如当地没有同类型的项目而不能进行对比分析时，可调查国内同类型企业，收集资料，以此作为审核的参考。根据经过会审决定的定案问题应及时调整概算，并经原批准单位下发文件。

第5章　风景园林工程施工图预算

5.1　风景园林工程施工图预算的编制

5.1.1　施工图预算的编制及其作用

风景园林工程施工图预算的编制,就是根据拟建风景园林工程已批准的施工图纸和既定的施工方法,依照国家或省市颁发的工程量计算规则,分部分项地把拟建工程各工程项目的工程量计算出来,在此基础上,逐项套用相应的现行预算定额,确定其单位价值,累计其全部直接费用,之后再根据规定的各项费用的取费标准,计算出工程所需的间接费,最后,综合计算出单位工程的造价和技术经济指标。另外,再根据分项工程量分析材料和人工用量,最后汇总得出各种材料和用工的总量。

风景园林施工图预算包括用于风景园林建设施工招投标的风景园林工程预算及用于园林施工企业对拟建工程进行施工管理的风景园林工程预算等,它综合反映了风景园林工程造价。

施工图预算的具体作用如下:

(1)施工图预算是工程实行招标、投标的重要依据。

(2)施工图预算是签订建设工程施工合同的重要依据。

(3)施工图预算是办理工程财务拨款、工程贷款和工程结算的依据。

(4)施工图预算是落实或调整年度进度计划和投资计划的依据。

(5)施工图预算是施工企业降低工程成本、实行经济核算的依据。

(6)施工图预算是施工单位进行人工和材料准备、编制施工进度计划以及控制工程成本的依据。

5.1.2　施工图预算编制方法

(1)工料单价法

工料单价法是指以分部分项工程量的单价作为直接费,直接费又以人工、材料和机械的消耗量及其相应价格和措施费来确定。间接费、利润和税金则按照有关规定另行计算。

1)传统施工图预算使用工料单价法,其编制步骤为:

①准备资料,熟悉施工图。要准备的资料包括施工组织设计、预算定额、工程量计算标准、取费标准以及地区材料预算价格等。

②计算工程量。

a.根据工程内容和定额项目,列出分项工程目录;

b.根据计算顺序和计算规律列出计算式;

c.根据图纸上的设计尺寸以及有关数据,代入计算式进行计算;

d.对计算结果进行整理,使之与定额中要求的计量单位保持一致,并予以核对。

③套工料单价。核对计算结果后,按照单位工程施工图预算直接费的计算公式可求出单位工程人工费、材料费和机械使用费之和。同时还要注意以下几点:

a.为了防止重套、漏套或错套工料单价而产生偏差,分项工程的名称、规格和计量单位必须与预算定额工料单价或者单位计价表中所列的内容完全一致。

b.进行局部换算或调整时,换算是指对定额中已计价的主要材料品种不同而进行的换价,但一般不调量;调整是指因施工工艺的条件不同而对人工、机械的数量增减,一般调量但不换价。

c.若分项工程不能直接套用定额也不能换算和调整时,应当编制补充单位计价表。

d.不得随意修改定额说明允许换算与调整以外的部分。

④编制工料分析表。根据各分部分项工程项目的实物工程量和预算定额中项目所列的用工和材料数量,计算各分部分项工程所需的人工和材料数量,汇总后再算出该单位工程所需的各类人工和材料数量。

⑤计算并汇总造价。根据规定的税、费率以及相应的计取基础,分别计算措施费、间接费、利润以及税金等。将上述费用累计后再进行汇总,则可求出单位工程的预算造价。

⑥复核。对项目的填列、工程量的计算公式、计算结果、套用的单价、采用的各项取费费率、数字计算、数据的精确度等进行全面的复核,以便能及时发现差错,并进行修改,进而提高预算的准确性。

⑦填写封面、编制说明。封面应当写明工程编号、工程名称、工程量、预算总造价和单位造价、编制单位的名称、负责人以及编制日期,还有审核单位的名称、负责人和审核日期等。编制说明主要应当写明预算所包括的工程内容范围、所依据的图纸编号、承包企业的等级和承包方式、有关部门现行的调价文件号、套用单价需要补充说明的问题以及其他需要说明的问题等。

编制施工图预算时还要特别要注意以下几点:

a.所用的工程量和人工、材料量是统一的计算方法和基础定额;

b.所用的单价是地区性的(定额、价格信息、价格指数和调价方法)。

价格在市场条件下是变动的,所以要特别重视定额价格的调整。

2)实物法编制施工图预算是指先计算工程量、人工、材料量和机械台班,也就是实物量,然后再计算费用和价格的方法。它适应市场经济条件下编制施工图预算的需要,所以在改革中应当尽量普遍应用这种方法。其编制步骤为:

①准备资料,熟悉施工图纸。

②计算工程量。

③套基础定额,计算人工、材料和机械数量。

④根据当时、当地的人工、材料和机械单价,计算并汇总人工费、材料费和机械使用费,进而得出单位工程直接工程费。

⑤计算措施费、间接费、利润和税金,并进行汇总,进而得出单位工程造价(价格)。

⑥复核。

⑦填写封面、编制说明。

综上所述,实物法的关键在于③、④步,尤其是第④步,使用的单价不再是定额中的单价,而是在由当地工程价格权威部门(主管部门或者专业协会)定期发布价格信息和价格指数的基础上,自行确定的人工单价、材料单价以及施工机械台班单价。这样为价格的调整减少了许多麻烦,不会使工程价格脱离实际。

(2)综合单价法

综合单价法是一种国际上通行的计价方法,它是指分部分项工程量的单价为全费用单价,不仅包括直接费、间接费、利润和税金,还包括合同所约定的所有工料价格变化风险等一切费用。按其所包含项目工作的内容以及工程计量方法的不同,又可以分为以下三种表达形式:

1)参照现行预算定额(或者基础定额)对应子目所约定的工作内容和计算规则进行报价。

2)按照招标文件所约定的工程量计算规则以及技术规范所规定的每一分部分项工程所包括的工作内容进行报价。

3)工程量的计算方法、投标价的确定,均由投标者根据自身情况决定,即投标者依据招标图纸、技术规范,按照其计价习惯,进行自主报价。

综合单价由分项工程的直接费、间接费、利润和税金组成,而直接费是以人工、材料和机械的消耗量以及相应价格和措施费来确定的。其计价顺序为:

①准备资料,熟悉施工图纸。

②划分项目,按照统一的规定计算工程量。

③计算人工、材料和机械数量。

④套综合单价,计算各分项工程造价。

⑤汇总得出分部工程造价。

⑥各分部工程造价汇总得出单位工程造价。

⑦复核。

⑧填写封面、编制说明。

使用综合单价法的关键是"综合单价"的产生。但是编制全国统一的综合单价是不现实的,而由地区编制则相对来说可行性比较强。理想方法是由企业编制"企业定额"产生综合单价。由于在每个分项工程上确定利润和税金比较困难,因此,可以编制含有直接费和间接费的综合单价,待求出单位工程总的直接费和间接费以后,再统一计算单位工程的利润和税金,然后汇总得出单位工程的造价。

5.2　风景园林工程费用的计算

5.2.1　风景园林工程的费用组成

风景园林建设工程造价的各类费用组成,除定额直接费是按照设计图纸和预算定额(国家定额、地区定额或者企业定额等)计算外,其他的费用项目应当根据国家及地区制定的费用定额及有关规定进行计算。通常采用工程所在地区的地区统一定额。通常来讲，间接费定额与预算定额是配套使用。

　　风景园林工程预算费用由直接费、间接费、计划利润(差别利润)、税金和其他费用等部分组成，其结构如图 5.1 所示。

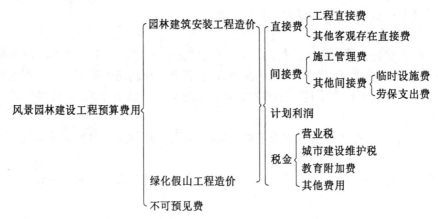

图 5.1　风景园林建设工程预算费用组成示意图

1.直接费

　　直接费是指施工中直接用在工程上的各项费用的总和，它是根据施工图纸结合定额项目的划分，以每个工程项目的工作量乘以该工程项目的预算定额单价来计算的。直接费包括人工费、材料费、施工机械使用费和其他直接费。

　　(1)人工费

　　人工费是指列入预算定额的直接从事工程施工的生产工人开支的基本工资及各项津贴等费用(定额中按平均日工资计算)。应按相关劳动法规内容进行确定。其内容包括以下几方面：

　　①基本工资。基本工资是指发放给生产工人的基本工资。

　　②工资性补贴。工资性补贴是指按照规定标准发放的物价补贴，煤、燃气补贴，交通补贴，住房补贴以及流动施工津贴等。

　　③生产工人辅助工资。生产工人辅助工资是指生产工人年有效施工天数以外非作业天数的工资，其中包括职工学习、培训期间的工资，调动工作、探亲、休假期间的工资，因气候影响的停工工资，女工哺乳时间的工资，病假在 6 个月以内的工资以及产、婚、丧假期的工资。

　　④职工福利费。职工福利费是指按照规定标准计提的职工福利费用。

　　⑤生产工人劳动保护费。生产工人劳动保护费是指按照规定标准发放的劳动保护用品的购置费及修理费，徒工服装补贴，防暑降温费，以及在有碍身体健康环境中施工的保健费用等。

　　⑥社会保险。社会保险包括医疗保险，工伤保险、失业保险、养老保险等费用。

　　(2)材料费

　　材料费是指施工过程中所耗用的构成工程实体的原材料，辅助材料，构配件、零件和

半成品的费用以及周转使用材料的摊销(或租赁)费用,其内容包括以下几方面:

①材料原价。

②销售部门手续费。

③包装费。

④材料自来源地运至工地仓库或者指定对方地点的装卸费、运输费以及途中损耗等。

⑤采购及保管费。

(3)施工机械使用费

施工机械使用费是指列入定额的完成风景园林工程所需要消耗的施工机械台班量,按照相应机械台班费定额计算的施工机械所发生的费用。其内容一般包括以下两方面:

1)第一类费用:机械折旧费、大修理费、维修费、润滑材料费及擦拭材料费、安装费、拆卸及辅助设施费以及机械进出场费等。

2)第二类费用:机上工人的人工费、动力和燃料费、养路费、牌照税及保险费等。

(4)其他直接费

其他直接费是指除上述直接费以外施工过程中所发生的其他各项费用。其内容包括以下几方面:

①冬、雨季施工增加费。

②夜间施工增加费。

③二次搬运费。

④工程定位复测、场地清理等费用。

⑤检验试验费。检验试验费是指对建筑材料、构建和建筑安装物进行一般鉴定、检查所发生的费用,其中包括自设实验室进行试验所耗用的材料和化学药品等费用以及技术革新和研究试制试验费。

⑥生产工具、用具使用费。生产工具、用具使用费是指施工生产所需要的、不属于固定资产的生产工具及检验、试验用具等的购置、摊销、维修费以及支付给工人自费工具的补贴费。

⑦现场经费。现场经费是指用于施工现场各项管理等所需的费用,例如材料保管、现场监制、质量管理和安全生产管理等。

2.间接费

间接费是指施工中不直接发生于工程本身,而是间接为工程服务所发生的各项费用。其内容包括以下几方面:

(1)施工管理费

施工管理费是指施工企业为了组织与管理风景园林工程施工所需要的各项管理费用,还包括为企业职工服务等所支出的人力、物力和资金的费用总和。其内容包括以下几方面:

1)管理人员工资。管理人员工资是指管理人员的基本工资、工资性补贴、职工福利费以及劳动保护费等。

2)工作人员工资附加费。工作人员工资附加费是指按照国家规定计算的支付工作人员的职工福利基金和工会经费。

3)工作人员劳动保护费。工作人员劳动保护费是指按照相关规定标准发放的劳动保护用品的购置费、修理费及其保健费与防暑降温费等。

4)职工教育经费。职工教育经费是指按照国家有关规定在工资总额1.5%的范围内掌握开支的在职职工教育经费。

5)办公费。办公费是指企业管理办公用的文具、纸张、账表、印刷、邮电、书报、会议、水电、烧水以及集体取暖(包括现场临时宿舍取暖)用煤等费用。

6)差旅交通费。差旅交通费是指职工因公出差、调动工作的差旅费、住勤补助费,市内交通费和误餐补助费,职工探亲路费,劳动力招募费,职工离退休、退职一次性路费,工伤人员就医路费,工地转移费以及管理部门使用的交通工具的油料、燃料及牌照费。

7)固定资产使用费。固定资产使用费是指管理和试验部门及附属生产单位使用的属于固定资产的房屋、设备仪器等的折旧、大修、维修或者租赁费。

8)行政工具、用具使用费。行政工具、用具使用费是指行政管理使用的、不属于固定资产的工具、器具、家具、交通工具和检验、试验、测绘、消防用具等的购置、摊销和维修费。

9)利息。利息是指施工企业按照规定支付银行的计划内流动资金贷款利息。

10)其他费用。其他费用是指上述项目以外的其他必要的费用支出。其中包括支付工程造价管理机构的预算定额等编制及管理经费,定额测定费、支付临时工管理费、民兵训练、经有关部门批准应由企业负担的企业性上级管理费、印花税等。

(2)其他间接费

其他间接费是指超过施工管理费所包括内容以外的其他各项费用。

1)临时设施费。临时设施费是指为施工服务的临时建筑物、构筑物等生产和生活所必需的设施(如临时办公室、宿舍、仓库;施工范围内的临时道路、围墙、水、电、通讯管线等设施)的搭设,维修、拆除或者摊销等费用。

2)劳保支出费。劳保支出费一般包括按劳保条例规定的职工社会保险,以直接费乘以规定费率计算。

3.计划利润

计划利润是指施工企业按照国家规定,在工程施工中向建设单位收取的利润,它体现了在建设工程造价中施工企业职工为社会劳动所创造的那部分价值。企业参与市场的竞争,在规定的利润率范围内,可以自行确定利润水平。

4.税金

税金是指由施工企业按照国家规定计入建设工程造价内,由施工企业向税务部门所缴纳的营业税、城市维护建设税以及教育附加费。

5.其他费用

其他费用是指在现行规定内容中并没有包括,但在施工中又不可避免地发生的费用,例如各种材料价格与预算定额的差价、构配件增值税等。通常来讲,材料差价是由地方政府主管部门所颁布的,以材料费或者直接费乘以材料差价系数计算。

此外,除了上述5种费用构成风景园林工程预算费之外,还有些工程复杂、编制预算中未能预先计入的费用,例如变更设计、调整材料预算单价等发生的费用,在编制预算中将其列入不可预计费一项,以工程造价为基数,乘以规定费率计算。

5.2.2　直接费的计算

定额计价法直接费的计算公式为

$$直接费 = \sum(预算定额基价 \times 项目工程量) + 其他直接费 \tag{5.1}$$

或

$$直接费 = \sum(预算定额基价 \times 项目工程量) \times (1 + 其他直接费率) \tag{5.2}$$

清单计价法(或者企业施工管理用预算)直接费的计算公式为

$$直接费 = \sum(企业预算定额基价 \times 项目工程量) + 其他直接费 \tag{5.3}$$

或

$$直接费 = \sum(企业预算定额基价 \times 项目工程量) \times (1 + 其他直接费率) \tag{5.4}$$

1. 人工费、材料费、施工机械使用费和其他直接费

(1)人工费

定额计价法人工费的计算公式为

$$人工费 = \sum(预算定额基价人工费 \times 项目工程量) \tag{5.5}$$

清单计价法(或者企业施工管理用预算)人工费的计算公式为

$$人工费 = \sum(企业预算定额基价人工费 \times 项目工程量) \tag{5.6}$$

或

$$人工费 = \sum(企业劳动定额 \times 人员工资 \times 项目工程量) \tag{5.7}$$

(2)材料费

定额计价法材料费的计算公式为

$$材料费 = \sum(预算定额基价材料费 \times 项目工程量) \tag{5.8}$$

清单计价法(或者企业施工管理用预算)材料费的计算公式为

$$材料费 = \sum(企业定额基价材料费 \times 项目工程量) \tag{5.9}$$

或

$$材料费 = \sum(企业材料定额 \times 材料费 \times 项目工程量) \tag{5.10}$$

(3)施工机械使用费

定额计价法施工机械使用费的计算公式为

$$施工机械使用费 = \sum(预算定额基价机械费 \times 项目工程量) \tag{5.11}$$

清单计价法(或者企业施工管理用预算)施工机械使用费的计算公式为

$$施工机械使用费 = \sum(企业预算定额基价机械费 \times 项目工程量) \tag{5.12}$$

或

$$施工机械使用费 = \sum(企业机械台班定额 \times 机械台班费 \times 项目工程量) \tag{5.13}$$

(4)其他直接费

其他直接费是指在施工过程中所发生的具有直接费性质但未包括在预算定额之内的费用。计算公式为

$$其他直接费 = (人工费 + 材料费 + 机械使用费) \times 其他直接费率 \tag{5.14}$$

(5)材料差价

定量计价情况下,原材料实际价格与预算价格常常会不相符,所以,在确定单位工程造价时,需要调整差价。清单计价情况下,通常不含此项。

材料差价是指材料的预算价格与实际价格的差额,材料差价一般采用以下两种方法计算:

1)国拨材料差价的计算。国拨材料(如钢材、木材、水泥和玻璃等)差价的计算是在编制施工图预算时,在各分项工程量计算出来之后,按照预算定额中相应项目给定的材料消耗定额计算出使用的材料数量,然后经过汇总,用实际购入单价减去预算单价再乘以材料数量,即得到该材料的差价。将各种找差的材料差价汇总,即得到该工程的材料差价,列入工程造价。

材料差价的计算公式为

$$材料差价 = (实际购入单价 - 预算定额材料单价) \times 材料数量 \qquad (5.15)$$

2)地方材料差价的计算。地方材料差价的计算一般用调价系数进行调整(调价系数由各地自行测定)。计算公式为

$$差价 = 定额直接费 \times 调价系数 \qquad (5.16)$$

2.综合单价计算

各项工程量计算完毕并经校核后,就可着手编制单位工程施工图预算书,预算书的表格形式见表5.1。

表5.1　工程(概)预算书

工程名称:　　　　　　　　　　年　月　日　　　　　　　　　　单位:元

序号	定额编号	分项工程名称	工程量		造 价		其 中						备注
							人工费		材料费		机械费		
			单位	数量	单价	合价	单价	合价	单价	单价	单价	单价	

定额计价法套用预算定额,查找相应子项,得出基价,这就是综合单价。

(1)抄写分项工程名称及工程量

按照预算定额的排列顺序,将分部工程项目名称、工程量抄到预算书中的相应栏内,同时再将预算定额中相应分项工程的定额编号和计量单位一并抄到预算书中,以便套用预算单价。

(2)抄写预算单价

抄写预算单价是指将预算定额中相应分项工程的预算单价抄到预算书中。抄写时,要注意区分定额中哪些分项工程的单价可以直接套用,哪些必须经过换算(这里是指施工

时,使用的材料或者做法与定额不同时)后才能套用。

由于某些工程与速算的应取费用是以人工费为计算基础的,有些地区在现行取费中有增调人工费和机械费的规定,所以,应当将预算定额中的人工费、材料费和机械费的单价逐一抄入预算书中。

3.计算合价与小计

计算合价是指用预算书中各分项工程的数量乘以预算单价所得到的积数。各项合价均应计算填列。

将一个分部工程中所有分项工程的合价竖向相加,即可得到该分部工程的小计。将一个分部工程的小计竖向相加,即可得到该单位工程的定额直接费(其中包括人工费、材料费和机械费)。

清单计价法(或者企业施工管理用预算)的综合单价可以参照定额计价法的步骤进行计算。

5.2.3　其他各项取费的计算

单位工程定额直接费计算出来之后,就可进行间接费、利润和税金等费用的计算。

1.间接费

间接费包括施工管理费和其他间接费。

间接费是根据干什么工程,执行什么定额的原则计算的。间接费定额与直接费定额应配套使用,即执行什么直接费定额,就应当采用相应的间接费定额。

施工管理费和其他间接费是用直接费分别乘以规定的相应费率计算的,计算公式为

$$施工管理费 = 直接费 \times 施工管理费率 \tag{5.17}$$

$$其他间接费 = 直接费 \times 其他间接费费率 \tag{5.18}$$

在计算时,应当按照当地主管部门制定的标准执行。

2.利润

利润是用直接费与间接费之和乘以规定的差别利润率计算的,计算公式为

$$利润 = (直接费 + 间接费) \times 计划利润率 \tag{5.19}$$

3.税金

根据国家的现行规定,税金是由营业税税率、城市维护建设税税率、教育费附加以及其他等部分构成的。税金应列入工程总造价,由建设单位负担。

应纳税额是按照直接工程费、间接费、利润以及差价四项之和为基数计算的。根据有关税法,纳税人所在地为市区、县城、镇与非城镇的计算税率各不相同,计算公式为

$$应纳税额 = 不含税工程造价 \times 税率 \tag{5.20}$$

计算含税工程造价的公式为

$$含税工程造价 = 不含税工程造价 \times (1 + 税率) \tag{5.21}$$

5.2.4　工程造价的计算程序

为了贯彻落实国家的有关规定精神,各地对现行的风景园林工程费用构成进行了不同程度的改革,反映在工程造价的计算方法上存在着差异。所以,在编制工程预算时,必

须执行本地区的有关规定,准确、公正地反映出工程造价。

通常来讲,计算工程预算造价的程序如下:

①计算工程直接费;

②计算间接费;

③计算差别利润;

④计算税金;

⑤确定工程预算造价,工程预算造价 = 直接费 + 间接费 + 利润 + 税金。

工程造价的具体计算程序目前尚无统一的规定,应当以各地主管部门制定的费用标准为准,具体见表 5.2 和表 5.3。

表 5.2　绿化、土建工程预算造价计算顺序表

序号	项 目 名 称		计 算 公 式	备　注
1	直接费		按定额计算	—
2	其他直接费	按定额计算	其他直接费	—
3		[(1) - (2)] × 相应工程类别费率	临时设施费	—
4		[(1) - (2)] × 相应工程类别费率	现场经费	—
5	直接费小计		(1) - (2) + (3) + (4)	—
6	调价金额		(5) × 调价系数	—
7	工程费用合计		(5) + (6)	—
8	综合取费(d%)	(7) × 相应工程类别费率(a%)	企业经营费	$d\% = a\% + b\% + c\%$
9		(7) × 相应工程类别费率(b%)	利润	
10		(7) × 相应工程类别费率(c%)	税金	
11	工程造价		(7) + (8) + (9) + (10)	—

表 5.3　暖、电器工程预算造价顺序表

序号	项目名称		计算公式	—
1	直接费		按定额计算	—
2	其中:人工费		(1)项所含人工费	—
3	其中:设备费		(1)项所含	—
4	其他直接费		(2) × 费率	—
5	调价金额		[(1) + (4) - (3)] × 调价系数	—
6	工程费用合计		(1) + (4) + (5)	—
7	综合取费(c%)	企业经营费	(2) × 相应工程类别费率(a%)	$c\% = a\% + b\%$
8		利润	(2) × 相应工程类别费率(b%)	
9	税金		[(6) + (7) + (8)] × 税率	—
10	工程造价		(6) + (7) + (8) + (9)	—

5.3　风景园林工程施工图预算的审查

5.3.1　审查的意义

(1)审查施工图预算有利于正确确定工程造价、合理分配资金并加强计划管理

具体工程的概预算是编制基本建设计划、确定投资额、分配资金等工作的重要依据。工程概预算编制偏高或者偏低，都会造成资金分配不合理。有的项目由于资金过多，会产生浪费；而有的项目由于资金不足，也会导致工程建设不能正常进行，从而造成基本建设投资和计划管理上的混乱。所以说，对工程概预算进行审查，提高其编制质量，是正确确定工程造价，合理分配基本建设资金以及加强基本建设计划管理的重要措施。

(2)审查施工图预算有利于促进施工企业加强经济核算

施工图预算的高低，会直接影响施工企业的经济效益。因为施工企业是根据施工图预算，通过一定程序从建设单位取得货币收入的。施工图预算编制偏高，施工企业就能毫不费力地降低成本，轻而易举地取得超过实际消耗的货币收入，这会使施工企业放松甚至忽视经济核算工作，降低经营管理水平，而且还会助长施工企业采用不正当手段取得非法收入的不正之风；施工图预算编制偏低，施工企业工程建设中实际消耗的人力、物力和时力就得不到应有的补偿，这会造成企业亏损、资金短缺，甚至无法组织正常的生产活动，进而挫伤企业的生产积极性。

为了保证那些经营管理较好的施工企业能够取得较好的经济效益，保护其生产积极性，同时又能促使那些经营管理较差的施工企业，通过加强经济核算，降低工程成本，提高生产效率等措施来改变企业的经济状况，以求得生存和发展，就要对施工图预算进行实事求是地审查，使其符合客观实际，准确合理。

(3)审查施工图预算有利于选择经济合理的设计方案

一个优良的设计方案除了应具有良好的使用功能之外，还必须满足技术先进、经济合理的要求。技术上的先进性，可以依据有关的设计规范和标准等进行评价。而经济上的合理性，则必须通过审查设计概算或者施工图预算进行评定。审查后的概预算，可以作为衡量同一工程不同设计方案经济合理性的可靠依据，以此来择优选出经济合理的设计方案。

(4)审查概预算是完善预算工作的需要

概预算工作有一个完整的体系，其中包括收集基础资料和有关信息，编制概预算，审查概预算，执行概预算，执行过程中的监督和控制，执行终了后的信息反馈和评价等过程。审查概预算是预算工作的一个组成部分。概预算工作系统贯穿于工程建设的整个周期，有概预算的编制工作，就应当有概预算的审查工作。

5.3.2　审查的依据

(1)施工图纸和设计资料

审查风景园林工程预算的重要依据之一是完整的风景园林工程施工图预算图纸说明以及图纸上注明采用的全部标准图集。风景园林建设单位、设计单位及施工单位对施工图会审签字后的会审记录也是审查施工图预算的依据。要准确地计算出风景园林工程中各分部、分项工程的工程量,就必须保证设计资料的完备性。

(2)仿古建筑及园林工程预算定额

《仿古园林工程预算定额》通常对工程量的计算方法都有详细的规定,例如各分项分部工程的工程量的计量单位,哪些工程应该计算,哪些工程定额已经经过综合考虑而不应该计算,还有哪些材料允许换算,而哪些材料不允许换算等,这些都必须严格按照预算定额的规定进行处理。

(3)单位估价表

工程量升级后,要严格按照单位估价表的规定以分部分项的单价,填入预算表,计算出该工程的直接费。若单位估价表中缺项或者当地没有现成的单位估价表,则应当由建设单位、设计单位、建设银行以及施工单位在当地工程建设主管部门的主持下,以国家规定的编制原则作为依据,另行编制当地的单位估价表。

(4)补充单位估价表

在当地没有单位工程估价表或者单位估价表的项目不能满足工程项目的需要时,则应另行编制补充单位估价表,补充的单位估价表必须有当地的材料、成品以及半成品的预算价格。

(5)风景园林工程施工组织设计或施工方案

施工组织设计或者施工方案必须合理,且须经过上级或者业主主管部门的批准。

(6)施工管理费定额及其他取费标准

计算完直接费后,要根据建设工程建设主管部门颁布的施工管理费定额及其他取费标准,计算出预算总值。

(7)建筑材料手册和预算手册

为了简化工程量的计算,节约计算时间,可以使用符合当地规定的建筑材料手册和预算手册来审查施工图预算。

(8)施工合同或协议书以及现行的有关文件

施工图预算要根据甲乙双方签订的施工合同或者施工协议进行审查。例如谁负责采购材料,谁就负责材料差价等。

5.3.3　审查的内容

审查施工图预算的重点是审查工程量计算是否准确,分部、分项单价套用是否正确,各项取费标准是否符合现行规定等方面。

1.审查定额或单价的套用

(1)预算中所列各分项工程单价是否与预算定额的预算单价相符;其名称、规格、计量单位和所包括的工程内容是否与预算定额相一致。

(2)有单价换算时应当审查换算的分项工程是否符合定额规定以及换算是否正确。

(3)使用补充定额和单位计价表时,应当审查补充定额是否符合编制原则、单位计价表计算是否正确。

2.审查其他有关费用

其他有关费用包括的内容各地不尽相同,具体审查时应当注意是否符合当地规定和定额的要求。具体的审查内容包括以下几方面:

(1)是否按照本项目的工程性质计取费用、有无高套取费标准。

(2)间接费的计取基础是否符合规定。

(3)预算外调增的材料差价是否计取间接费;直接费或者人工费增减后,有关费用是否作了相应调整。

(4)是否有将不需安装的设备计取在安装工程间接费中的情况。

(5)是否有巧立名目、乱摊费用的情况。

利润和税金的审查,重点应当放在计取基础和费率是否符合当地有关部门的现行规定、是否有多算或者重算的情况。

5.3.4　审查的方法

1.全面审查法

全面审查法又称重算法,它同编预算一样,将图纸内容按照预算书的顺序重新计算一遍,审查每一个预算项目的尺寸、计算和定额标准等是否有误。全面审查法全面细致,所审核过的工程预算准确性较高,但工作量大,不能达到快速审查的效果。

2.重点审查法

重点审查法是指抓住工程预算中的重点进行审查的方法。审查的重点一般是工程量大或者造价较高的各种工程,补充定额和计取的各项费用(计取基础、取费标准)等。重点审查法的优点是突出重点、审核时间短、效果好,但不能达到全面审查的深度和细度。

3.分解对比审查法

分解对比审查法是指将工程预算中的一些数据通过分析计算,求出一系列的经济技术数据的方法。审查时首先以这些数据作为基础,将要审查的预算与同类同期或者类似的工程预算中的一些经济技术数据相比较以达到分析或者寻找问题的目的。

在实际工作中,可采用分解对比审查法,初步发现问题,然后采用重点审查法对其进行认真仔细的审查,这样做能够比较准确地快速进行审查工作,达到较好的结果。

5.3.5　审查的步骤

1.做好审查前的准备工作

(1)熟悉施工图纸

施工图纸是编制预算分项工程数量的重要依据,必须对它有全面的熟悉和了解。不仅要核对所有的图纸,清点无误后,依次识读;还要参加技术交底,解决图纸中的疑难问题,直到完全掌握图纸。

(2)了解预算包括的范围

根据预算编制说明,了解预算包括的工程内容。例如配套设施、室外管线、道路以及会审图纸后的设计变更等。

(3)弄清编制预算采用的单位工程估价表

任何单位估价表或者预算定额都有一定的适用范围。根据工程的性质,搜集并熟悉相应的单价、定额资料,尤其是市场材料单价和取费标准等。

2.选择合适的审查方法,按照相应内容进行审查

由于工程规模、繁简程度的不同,施工企业情况也不尽相同,所编工程预算的繁简和质量也不相同,所以需要针对情况选择相应的审查方法进行审查。

3.综合整理审查资料,编制调整预算

经审查如发现有差错,需要进行增加或者核减的,在与编制单位逐项核实、统一意见后,应修正原施工图预算,汇总核减量。

第6章 风景园林工程竣工结算与竣工决算

6.1 风景园林工程竣工结算

6.1.1 竣工结算的概念

工程竣工结算是指工程竣工后,施工单位根据施工过程中实际发生的各种变更情况,对原施工图预算或工程合同造价进行相应的调整修正,进而重新确定工程造价的技术经济文件。

施工图预算或工程合同是在工程开工前编制和签订的,但其所确定的工程造价会随着施工过程中工程条件的变化,设计意图的改变,材料的代换,项目的增减,经有关方面协商同意而发生设计变更等情况而发生变化。所以单位工程竣工后必须及时办理竣工结算,以如实地反映竣工工程造价。

6.1.2 竣工结算的作用

(1)竣工结算是施工单位与建设单位办理工程价款结算的依据。

(2)竣工结算是建设单位编制竣工决算的基础资料。

(3)竣工结算是施工单位统计最终完成工作量以及竣工面积的依据。

(4)竣工结算是施工单位计算全员产值、核算工程成本以及考核企业盈亏的依据。

(5)竣工结算是进行经济活动分析的依据。

6.1.3 竣工结算的计价形式

风景园林工程竣工结算的计价形式与建筑安装工程承包合同的计价形式一样,根据计价方式的不同,一般可分为三种类型,即总价合同、单价合同和成本加酬金合同。

1.总价合同

总价合同是指支付给承包方的款项在合同中是一个"规定金额",即所谓的总价。它是以图纸和工程说明书为依据,由承包方和发包方经过商定共同做出的。总价合同按是否可调整可以分为以下两种不同形式:

(1)不可调整总价合同

不可调整总价合同的价格计算是以图纸、规定及法规为基础,承包和发包双方就承包项目协商一个固定的总价,并由承包方一笔包死,不得改变。合同总价只有在设计和工程范围有所变更的情况下才能随之做相应的改变,除此以外,合同总价均不得变动。

(2)可调整总价合同

可调整总价合同一般也是以图纸、规定及规范为基础,但它是以"时价"进行计算的。这是一种相对比较固定的价格,在合同的执行过程中,由于市场变化而使得所用的工料成本有所增加时,可对合同总价进行相应的调整。

2.单价合同

单价合同一般适用于施工图纸不完整或当准备发包的工程项目内容、技术或经济指标暂时尚不能准确、具体的给予规定的情形。

(1)估算工程量单价合同

采用估算工程量单价合同形式,承包商在报价时,按照招标文件中所提供的估算工程量报工程单价。结算时按照实际完成的工程量进行结算。

(2)纯单价合同

采用纯单价合同形式时,发包方只向承包方发布承包工程的有关分部分项工程以及工程范围,而不需对工程量做任何规定。承包方在投标时,只需对这种给定范围的分部分项工程做出报价,工程量则按照实际完成的数量进行结算。

3.成本加酬金合同

成本加酬金合同主要适用于工程内容及其技术经济指标尚未全面确定,投标报价的依据尚不充分的情况下,发包方又因工期要求紧迫,必须发包的工程;或者是发包方与承包方之间具有高度的信任,承包方在某些方面具有独特的技术、特长以及经验的工程。

6.1.4 竣工结算的竣工资料

竣工结算的竣工资料主要包括以下几部分:

(1)施工图预算或中标价以及以往各次的工程增减费用。

(2)施工全图或协议书。

(3)设计变更、图纸修改以及会审记录。

(4)现场各种经济签证材料。

(5)各地区对概预算定额材料价格、费用标准的说明、修改以及调整等文件。

(6)其他有关工程经济的资料。

6.1.5 编制内容及方法

单位工程的增减费用或竣工结算的费用是指在施工图预算、中标标价或前一次增减费用的基础上增加或者减少本次费用的变更部分。其应计取各项费用的内容及使用的各种表格均和施工图预算内容相同,包括直接费、施工费、现场经费、独立费和法定利润等。

1.直接费增减表计算

(1)计算变更增减部分。

1)变更增加是指图纸设计变更需要增加的项目和数量,工程量及价值前冠以"+"号。

2)变更减少是指图纸设计变更需要减少的项目和数量,工程量及价值前冠以"-"号。

3)增减小计是指上述两项之和,符号"+"表示增加费用,符号"-"表示减少费用。

(2)现场签证增减部分。

(3)增减合计是指上述两项增减之和,其结果是增是减,以符号"+"或"-"为准。

2.直接费调整总表计算

主要计算经增减调整后的直接费合计数量。

(1)原工程直接费(或上次调整直接费)。第一次调整应填原预算或中标标价直接费;第二次以后的调整应填上次调整费用的直接费。

(2)本次增减额。本次增减额是指直接费增减表的计算结果。

(3)本次直接费合计。本次直接费合计是指上述两项费用之和。

3.费用总表计算

无论是工程费用还是竣工结算的编制,其各项费用及造价计算方法与编制施工图预算的方法都相同。具体参见预算费用总表的编制方法。

4.增减费用的调整及竣工结算

增减费用的调整及竣工结算是调整工程造价的两个不同阶段,增减费用的调整是中间过渡阶段,竣工结算是最后阶段。但无论是哪一个阶段,都有若干项目的费用要进行增减计算,其中包括与直接费用有直接关系的项目,也包括与直接费有间接关系的项目。这些项目中有些必须立即处理,有些则可以暂缓处理,这应根据费用的性质、数额的大小以及资料是否正确等情况分不同阶段进行处理。下面介绍几种不同情况的对下列问题采取不同阶段的处理方法。

(1)明确分阶段调整的,或者还有其他明文调整办法规定的差价,其调整项目应及时调整,并列入调整费用中;规定不明确的要暂缓调整。

(2)重大的现场经济签证应及时编制调整费用文件,而零星签证一般可以在竣工结算时一次处理完。

(3)原预算或标书中的甩项,如图纸已经确定,就应立即补充,如尚未明确,则可继续甩项。

(4)属于图纸变更的,应定期、及时编制费用调整文件。

(5)对预算或标书中暂估的工程量和单价,可以在竣工结算时再做调整。

(6)实行预算结算的工程,在预算实施过程中如发现预算有重大的差别,除个别重大问题应急需调整、立即处理的之外,其余的通常可以在竣工结算时一并调整。其中包括工程量计算错误,单价差以及套错定额子目等;对招标中标的工程,一般不能调整。

(7)定额多次补充的费用调整文件所规定的费用调整项目,可以在竣工结算时一次处理,但重大特殊的问题应及时处理。

6.2　风景园林工程竣工决算

6.2.1　竣工决算的概念

工程竣工决算是指在一个单项工程(或者工程项目)中,当全部单位工程完工后,施工方根据全套的施工图纸和施工图预算,结合工程完工后的实际情况,调整、编制单项工程

(或者分部工程)的最终预算,并经工程验收合格与预算审核签证后,双方办理工程价款的最后结算。

风景园林工程产品的生产过程是一个复杂的系统工程。它施工周期长、工艺要求复杂、设备材料繁多,各种施工因素交叉作用、互相影响,这些都不可避免地要导致设计和预算的变化。另外,地基处理、设计变更、材料代换以及现场签证等,也都必然造成整个工程量的增加或者减少,材料价格的上升或者下降,致使施工前的工程预算造价已经不符合竣工后的实际工程价格。所以,在最后一次结算时,必须对原施工图预算进行仔细的复核、调整,以便使其能够准确地反映整个工程的真实价值。

竣工决算也称竣工成本决算,它分为施工企业内部单位工程竣工成本核算和基本建设项目竣工决算两项。施工企业内部单位工程竣工成本核算是对施工企业内部进行成本分析,以工程竣工后的工程结算作为依据,核算一个单位工程的预算成本、实际成本以及成本降低额;而基本建设项目竣工决算是建设单位根据国家建委《关于基本建设项目验收暂行规定》的要求,所有新建、改建和扩建工程建设项目竣工后都应当编报竣工结算。竣工结算是反映整个建设项目从筹建到竣工验收投产的全部实际支出费用的文件。

6.2.2　竣工决算的作用

(1)竣工决算是综合、全面反映竣工项目建设成果以及财务情况的总结性文件

竣工决算采用货币指标、实物数量、建设工期和种种技术经济指标来综合、全面地反映建设项目自开始建设到竣工为止的全部建设成果以及财物状况。

(2)竣工决算是办理交付使用资产的依据,也是竣工验收报告的重要组成部分

建设单位和使用单位在办理交付资产的验收交接手续时,通过竣工决算反映了交付使用资产的全部价值,其中包括固定资产、流动资产、无形资产以及其他资产的价值。同时,竣工决算还详细提供了交付使用资产的名称、规格、数量、型号以及价值等明细资料,是使用单位确定各项新增资产价值并登记入账的依据。

(3)竣工决算是分析和检查设计概算的执行情况,考核投资效果的依据

竣工决算能够反映竣工项目计划、实际的建设规模、建设工期及设计以及实际的生产能力,还能反映概算总投资和实际的建设成本,此外还能反映所达到的主要技术经济指标。通过对这些指标计划数、概算数与实际数进行分析对比,不仅可以全面掌握建设项目计划和概算执行情况,还可以考核建设项目投资效果,为今后制定基建计划、降低建设成本、提高投资效果提供必要资料。

6.2.3　竣工决算的内容

竣工决算主要包括文字说明和决算报表两部分。

1.文字说明

文字说明部分主要包括工程概况、设计概算和基本建设投资计划的执行情况,各项技术经济指标的完成情况,各项拨款的使用情况,建设工期、建设成本以及投资效果分析,还有建设过程中的主要经验、问题和各项建议等内容。

2.决算报表

按照工程规模一般将决算报表分为大中型和小型项目两种。大中型项目竣工决算包括竣工工程概算表、竣工财务决算表、交付使用财产总表和交付使用财产明细表。表格的详细内容及具体做法按照地方基建主管部门规定进行填写。

(1)竣工工程概况表

竣工工程概况表综合反映占地面积、新增生产能力、建设时间、初步设计和概算批准机关以及发布文号,完成主要工程量、主要材料消耗和主要经济指标、建设成本以及收尾工程等情况。

(2)大中型建设项目竣工财务决算表

大中型建设项目竣工财务决算表反映竣工建设项目的全部资金来源和运用情况,以此作为考核和分析基本建设拨款以及投资效果的依据。

6.2.4 竣工决算的编制依据

(1)经批准的可行性研究报告及其投资估算。

(2)经批准的初步设计或者扩大初步设计及其概算或修正概算。

(3)经批准的施工图设计及其施工图预算。

(4)设计交底或者图纸会审纪要。

(5)招投标的标底、承包合同和工程结算资料。

(6)竣工图和各种竣工验收资料。

(7)历年基建资料、历年财务决算以及批复文件。

(8)设备、材料调价文件和调价记录。

(9)有关财务核算制度、办法和其他有关资料、文件等。

(10)施工记录或者施工签证单,以及其他施工中所发生的费用记录,例如索赔报告与记录、停(交)工报告等。

6.2.5 竣工决算的编制步骤

(1)收集、整理、分析原始资料。从建设工程开始就应当按照编制依据的要求,收集、清点、整理有关资料,其中主要包括建设工程档案资料,例如设计文件、施工记录、上级批文、概(预)算文件、工程结算的归集整理,财务处理和财产物资的盘点核实以及债权债务的清偿,做到账账、账证、账实、账表相符。对各种设备、材料和工、器具等要逐项盘点核实,填列清单,并妥善保管,或者按照国家有关规定处理,不准任意侵占和挪用。

(2)对照、核实工程变动情况,重新核实各单位工程、单项工程造价。将竣工资料与原设计图纸进行查对、核实,必要时可以进行实地测量,确认实际变更情况;根据已经审定的施工单位竣工结算等原始资料,按照有关规定对原概(预)算进行增减调整,重新核定工程造价。

(3)将审定后的待摊投资,设备工、器具投资,建筑安装工程投资,以及工程建设其他投资严格划分和核定后,应分别计入相应的建设成本栏目内。

(4)编制竣工财务决算说明书,力求内容全面、简明扼要、文字流畅、说明问题。

(5)填报竣工财务决算报表。

(6)做好工程造价对比分析。

(7)清理、装订好竣工图。

(8)按照国家规定上报、审批、存档。

6.3　竣工结算和竣工决算的区别和联系

6.3.1　区别

(1)编制的单位不同

竣工结算是由施工单位编制的,而竣工决算是由建设单位编制的。

(2)编制的范围不同

竣工结算是以单位工程为对象编制的;而竣工决算是以单项工程或者建设项目为对象编制的。

6.3.2　联系

竣工结算是编制竣工决算的基础性资料。

第7章　工程量清单计价概述

7.1　工程量清单计价的概念及基本规定

7.1.1　基本概念

1.工程量清单

工程量清单是指实行工程量清单计价的建设工程的分部分项工程项目、措施项目、其他项目、规费项目和税金项目的名称以及相应数量。

2.项目编码

项目编码是指分部分项工程量清单项目名称的数字标识。

3.项目特征

项目特征是指构成分部分项工程量清单项目、措施项目自身价值的本质特征。

4.综合单价

综合单价是指完成一个规定计量单位的分部分项工程量清单项目或措施清单项目所需的人工费、材料费、施工机械使用费和企业管理费与利润,以及一定范围内的风险费用。

5.措施项目

措施项目是指为完成工程项目施工,发生于该工程施工准备和施工过程中的技术、生活、安全、环境保护等方面的非工程实体项目。

6.暂列金额

暂列金额是指招标人在工程量清单中暂定并包括在合同价款中的一笔款项。用于施工合同签订时尚未确定或者不可预见的所需材料、设备、服务的采购,施工中可能发生的工程变更、合同约定调整因素出现时的工程价款调整以及发生的索赔、现场签证确认等的费用。

7.暂估价

暂估价是指招标人在工程量清单中提供的用于支付必然发生但暂时不能确定价格的材料的单价以及专业工程的金额。

8.计日工

计日工是指在施工过程中,完成发包人提出的施工图纸以外的零星项目或工作,按合同中约定的计日工综合单价计价。

9.总承包服务费

总承包服务费是指总承包人为配合协调发包人进行的工程分包自行采购的设备、材料等进行管理、服务以及施工现场管理、竣工资料汇总整理等服务所需的费用。

10.索赔

索赔是指在合同履行过程中,对于非己方的过错而应由对方承担责任的情况造成的损失,向对方提出补偿的要求。

11.现场签证

现场签证是指发包人现场代表与承包人现场代表就施工过程中涉及的责任事件所作的签认证明。

12.企业定额

企业定额是指施工企业根据本企业的施工技术和管理水平而编制的人工、材料和施工机械台班等的消耗标准。

13.规费

规费是指根据省级政府或省级有关权力部门规定必须缴纳的,应计入建筑安装工程造价的费用。

14.税金

税金是指国家税法规定的应计入建筑安装工程造价内的营业税、城市维护建设税及教育费附加等。

15.发包人

发包人是指具有工程发包主体资格和支付工程价款能力的当事人以及取得该当事人资格的合法继承人。

16.承包人

承包人是指被发包人接受的具有工程施工承包主体资格的当事人以及取得该当事人资格的合法继承人。

17.造价工程师

造价工程师是指取得《造价工程师注册证书》,在一个单位注册从事建设工程造价活动的专业人员。

18.造价员

造价员是指取得《全国建设工程造价员资格证书》,在一个单位注册从事建设工程造价活动的专业人员。

19.工程造价咨询人

工程造价咨询人是指取得工程造价咨询资质等级证书,接受委托从事建设工程造价咨询活动的企业。

20.招标控制价

招标控制价是指招标人根据国家或省级、行业建设主管部门颁发的有关计价依据和办法,按设计施工图纸计算的,对招标工程限定的最高工程造价。

21.投标价

投标价是指投标人投标时报出的工程造价。

22.合同价

合同价是指发包和承包双方在施工合同中约定的工程造价。

23.竣工结算价

竣工结算价是指发包和承包双方依据国家有关法律、法规和标准规定,按照合同约定确定的最终工程造价。

工程量清单是实行工程量清单计价的建设工程的分部分项工程项目、措施项目、其他项目、规费项目和税金项目的名称和相应数量。

7.1.2　工程量清单的编制

1.工程量清单编制的一般规定

(1)工程量清单应由具有编制能力的招标人或者受其委托,具有相应资质的工程造价咨询人编制。

与《建设工程工程量清单计价规范》(GB 50500—2003)相比,《建设工程工程量清单计价规范》(GB 50500—2008)将"具有相应资质的中介机构"明确规定为"具有相应资质的工程造价咨询人",避免了理解上的歧义。

(2)采用工程量清单方式招标,工程量清单必须作为招标文件的组成部分,其准确性和完整性由招标人负责。

与《建设工程工程量清单计价规范》(GB 50500—2003)仅规定"工程量清单应作为招标文件的组成部分"相比,《建设工程工程量清单计价规范》(GB 50500—2008)的规定更为严格,采用了"工程量清单必须作为招标文件的组成部分"的表述。同时,对编制质量的责任规定的更加明确和具体。工程量清单作为投标人报价的共同平台,其准确性,即数量不算错,其完整性,即不缺项漏项,均应由招标人负责,即使招标人委托工程造价咨询人编制,责任也仍应由招标人承担。至于工程造价咨询人应承担的具体责任则应由招标人与工程造价咨询人通过合同约定处理或协商解决。

(3)工程量清单的作用。工程量清单作为工程量清单计价的基础,是编制招标控制价、投标报价、计算工程量、支付工程款、调整合同价款以及办理竣工结算以及工程索赔等的依据之一。

(4)工程量清单的组成内容。工程量清单是由分部分项工程量清单、措施项目清单、其他项目清单、规费项目清单和税金项目清单组成的。

与《建设工程工程量清单计价规范》(GB 50500—2003)相比,《建设工程工程量清单计价规范》(GB 50500—2008)增加了"规费和税金项目"。

(5)工程量清单的编制依据。编制工程量清单应依据以下几点:

1)《建设工程工程量清单计价规范》(GB 50500—2008);

2)国家或省级、行业建设主管部门颁发的计价依据和办法;

3)建设工程设计文件;

4)与建设工程项目有关的标准、规范和技术资料；

5)招标文件及其补充通知、答疑纪要；

6)施工现场情况、工程特点及常规施工方案；

7)其他相关资料。

2.分部分项工程量清单

(1)分部分项工程量清单应包括项目编码、项目名称、项目特征、计量单位和工程量五个要件。他它们在分部分项工程量清单的组成中缺一不可。

(2)分部分项工程量清单应根据附录规定的项目编码、项目名称、项目特征、计量单位和工程量计算规则进行编制。

与《建设工程工程量清单计价规范》(GB 50500—2003)相比,《建设工程工程量清单计价规范》(GB 50500—2008)增加了"项目特征",规定了分部分项工程量清单各构成要件应按附录的规定编制。该编制依据主要体现了对分部分项工程量清单内容规范管理的要求。

(3)分部分项工程量清单的项目编码,应采用 12 位阿拉伯数字表示。1 至 9 位应按附录的规定设置,10 至 12 位应根据拟建工程的工程量清单项目名称设置,同一招标工程的项目编码不得有重码。

当同一标段(或者合同段)的一份工程量清单中含有多个单项或单位(以下简称单位)工程且工程量清单是以单位工程作为编制对象时,在编制工程量清单时应特别注意对项目编码 10 至 12 位的设置不得有重码的规定。例如一个标段(或者合同段)的工程量清单中含有三个单位工程,每一单位工程中都有项目特征相同的实心砖墙砌体,在工程量清单中又需反映三个不同单位工程的实心砖墙砌体工程量,此时工程量清单应以单位工程作为编制对象,则第一个单位工程的实心砖墙的项目编码应为 010302001001,第二个单位工程的实心砖墙的项目编码应为 010302001002,第三个单位工程的实心砖墙的项目编码应为 010302001003,并分别列出各单位工程实心砖墙的工程量。

(4)分部分项工程量清单的项目名称应按《建设工程工程量清单计价规范》(GB 50500—2008)附录的项目名称结合拟建工程的实际确定。

(5)分部分项工程量清单中所列工程量应按《建设工程工程量清单计价规范》(GB 50500—2008)附录中规定的工程量计算规则计算。

1)以"吨(t)"为计量单位的应保留小数点后三位,第四位四舍五入；

2)以"立方米(m³)""平方米(m²)""米(m)""千克(kg)"为计量单位的应保留小数点后二位,第三位四舍五入；

3)以"项""个"等为计量单位的应取整数。

(6)分部分项工程量清单的计量单位应按《建设工程工程量清单计价规范》(GB 50500—2008)附录中规定的计量单位确定。

当计量单位有两个或两个以上时,应根据所编工程量清单项目的特征要求,选择最适宜表现该项目特征并且便于计量的单位。例如,门窗有"樘/m²"两个计量单位,在实际工作中,就应选择最适宜,最便于计量的单位来表示。

(7)分部分项工程量清单的项目特征的描述原则。分部分项工程量清单项目特征应按《建设工程工程量清单计价规范》(GB 50500—2008)附录中规定的项目特征,结合拟建工程项目的实际进行描述。其特征描述的重要意义表现在以下几方面:

1)项目特征是区分清单项目的依据。工程量清单项目特征是用来表述分部分项清单项目的实质内容的,用于区分计价规范中同一清单条目下各个具体的清单项目。没有项目特征的准确描述,就无从区分相同或相似的清单项目名称。

2)项目特征是确定综合单价的前提。工程量清单项目的特征决定了工程实体的实质内容,也就必然直接决定了工程实体的自身价值。所以工程量清单项目特征描述是否准确,直接关系到工程量清单项目综合单价的准确确定。

3)项目特征是履行合同义务的基础。实行工程量清单计价时,工程量清单及其综合单价是施工合同的组成部分,所以如果工程量清单项目特征的描述不清甚至出现漏项、错误,从而引起在施工过程中有所更改,这些都会引起分歧,进而导致纠纷。

(8)在实际编制工程量清单时,当出现《建设工程工程量清单计价规范》(GB 50500—2008)附录中未包括的清单项目时,编制人应作补充。编制人在编制补充项目时应注意以下三方面:

1)补充项目的编码必须按《建设工程工程量清单计价规范》(GB 50500—2008)的规定进行。即由附录的顺序码(A、B、C、D、E、F)与 B 和 3 位阿拉伯数字组成。

2)在工程量清单中应附补充项目的项目名称、项目特征、计量单位、工程量计算规则和工作内容。

3)将编制的补充项目报省级或行业工程造价管理机构备案。

表 7.1 为补充项目举例。

表 7.1
A.2　桩与地基基础工程
A.2.1　桩基础(编码:010201)

项目编码	项目名称	项目特征	计量单位	工程量计算规则	工程内容
AB001	钢管桩	1.地层描述 2.送桩长度/单桩长度 3.钢管材质、管径、壁厚 4.管桩填充材料种类 5.桩倾斜度 6.防护材料种类	m/根	按设计图示尺寸以桩长(包括桩尖)或根数计算	1.桩制作、运输 2.打桩、试验桩、斜桩 3.送桩 4.管桩填充材料、刷防护材料

3.措施项目清单

措施项目清单应根据拟建工程的实际情况列项。通用措施项目可按表 7.2 选择列项,专业工程的措施项目可按《建设工程工程量清单计价规范》(GB 50500—2008)附录中规定的项目选择列项。若出现《建设工程工程量清单计价规范》(GB 50500—2008)未列的项目,可根据工程实际情况进行补充。

表7.2 通用措施项目一览表

序号	项 目 名 称
1	安全文明施工(含环境保护、文明施工、安全施工、临时设施)
2	夜间施工
3	二次搬运
4	冬雨季施工
5	大型机械设备进出场及安拆
6	施工排水
7	施工降水
8	地上、地下设施,建筑物的临时保护设施
9	已完工程及设备保护

对于措施项目中可以计算工程量的项目清单应采用分部分项工程量清单的方式进行编制,列出项目编码、项目名称、项目特征、计量单位和工程量计算规则;对于不能计算工程量的项目清单,以"项"为计量单位。

4.其他项目清单

其他项目清单应按照下列内容列项:

(1)暂列金额;

(2)暂估价,其中包括材料暂估单价和专业工程暂估价;

(3)计日工;

(4)总承包服务费。

5.规费项目清单

规费项目清单应按照下列内容列项:

(1)工程排污费;

(2)工程定额测定费;

(3)社会保障费,其中包括养老保险费、失业保险费和医疗保险费;

(4)住房公积金;

(5)危险作业意外伤害保险。

6.税金项目清单

税金项目清单应按照下列内容列项:

(1)营业税;

(2)城市维护建设税;

(3)教育费附加。

7.1.3　工程量清单计价

1. 工程量清单计价的一般规定

(1)采用工程量清单计价时,建设工程造价由分部分项工程费、措施项目费、其他项目费、规费和税金五部分组成,其构成如图 7.1 所示。

(2)《建筑工程施工发包与承包计价管理办法》(建设部令第 107 号)第五条规定:工程计价方法包括工料单价法和综合单价法。采用综合单价法进行工程量清单计价时,综合单价包括除规费和税金以外的全部费用。

(3)招标文件中的工程量清单标明的工程量是投标人投标报价的共同基础,竣工结算的工程量按发包和承包双方在合同中约定应当计量且实际完成的工程量确定。

(4)措施项目清单计价应当根据拟建工程的施工组织设计,对于可以计算工程量的措施项目,应按分部分项工程量清单的方式采用综合单价计价;而其余的措施项目可以以"项"为单位的方式计价,其中应包括除规费、税金以外的全部费用。

(5)安全文明施工费的计价原则

措施项目清单中的安全文明施工费应当按照国家或省级、行业建设主管部门的规定计价,不得作为竞争性费用。

(6)其他项目清单的金额应按以下规定确定:

1)招标人部分的金额可按估算金额确定。

2)投标人部分的总承包服务费应当根据招标人提出要求所发生的费用确定,零星工作项目费应当根据"零星工作项目计价表"确定。

3)零星工作项目的综合单价应当参照《建设工程工程量清单计价规范》(GB 50500—2008)规定的综合单价组成确定。

(7)其他项目清单中暂估价的计价原则。招标人在工程量清单中提供了暂估价的材料和专业工程属于依法必须招标的,应由承包人和招标人共同通过招标确定材料单价与专业工程分包价。若材料不属于依法必须招标的,经发包和承包双方协商确认单价后进行计价。若专业工程不属于依法必须招标的,由发包人、总承包人和分包人按有关计价依据进行计价。

(8)规费和税金的计价原则。规费和税金应当按照国家或省级、行业建设主管部门的规定计算,不得作为竞争性费用。

(9)工程风险的确定原则。采用工程量清单计价的工程,应当在招标文件或合同中明确风险内容及其范围(幅度),不得采用无限风险、所有风险或者类似语句规定风险内容及其范围(幅度)。

2. 招标控制价

(1)国有资金投资的工程建设项目,编制和使用招标控制价的原则

国有资金投资的工程建设项目应当实行工程量清单招标,并应编制招标控制价。当招标控制价超过批准的概算时,招标人应将其报原概算审批部门审核。当投标人的投标报价高于招标控制价时,其投标应予以拒绝。

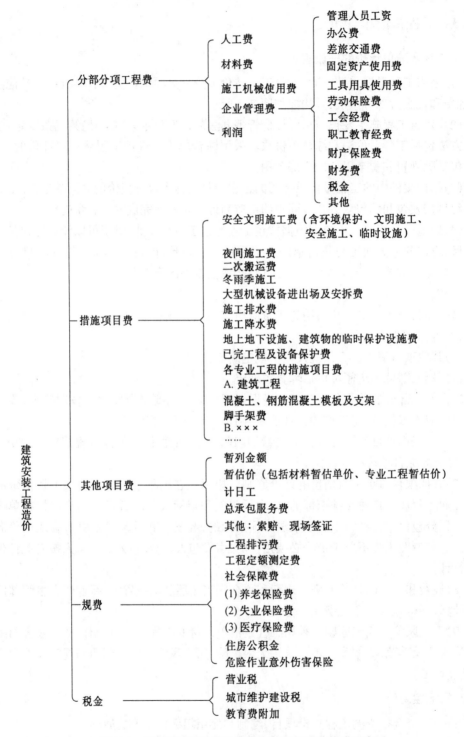

图 7.1 工程量清单计价的建筑安装工程造价构成示意图

(2)招标控制价的编制人

招标控制价应由具有编制能力的招标人,或受其委托且具有相应资质的工程造价咨询人编制。

(3)编制依据

1)《建设工程工程量清单计价规范》(GB 50500—2008);

2)国家或省级、行业建设主管部门颁发的计价定额和计价办法;

3)建设工程设计文件及相关资料;

4)招标文件中的工程量清单及有关要求;

5)与建设项目相关的标准、规范和技术资料;

6)工程造价管理机构发布的工程造价信息,未发布的参照市场价;

7)其他的相关资料。

(4)编制招标控制价时,分部分项工程费的计价原则

1)采用的分部分项工程量应当是招标文件中工程量清单提供的工程量;

2)综合单价应当按照招标控制价的编制依据确定;

3)招标文件提供了暂估单价的材料,应当按照招标文件确定的暂估单价计入综合单价;

4)综合单价应当包括招标文件中招标人要求投标人所承担的风险内容及其范围(幅度)所产生的风险费用。

(5)编制招标控制价时,措施项目费的计价原则

1)措施项目应当按照招标文件中提供的措施项目清单确定,措施项目采用分部分项工程综合单价形式进行计价的工程量,应当按照措施项目清单中工程量,并按招标控制价的编制依据确定综合单价;以"项"为单位的方式进行计价的,按招标控制价的编制依据计价,其中包括除规费、税金以外的全部费用。

2)措施项目费中的安全文明施工费应当按照国家或省级、行业建设主管部门的规定标准计价。

(6)其他项目费应当按照以下规定确定

1)暂列金额应当根据工程特点,按照有关计价规定估算;

2)暂估价中的材料单价应当根据工程造价信息或参照市场价格估算;暂估价中的专业工程金额应分不同专业,按照有关计价规定估算;

3)计日工应当根据工程特点和有关计价依据估算;

4)总承包服务费应当根据招标文件列出的内容和要求估算。

编制招标控制价时,其他项目费的计价原则有以下几点:

1)暂列金额。为了保证工程施工建设的顺利实施,对于在施工过程中可能出现的各种不确定因素对工程造价的影响,在招标控制价中需要估算一笔暂列金额。暂列金额可以根据工程的复杂程度、设计深度以及工程环境条件(包括地质、水文和气候条件等)进行估算,通常可按分部分项工程费的 10% ~ 15%作为参考。

2)暂估价。暂估价包括材料暂估价和专业工程暂估价。编制招标控制价时,材料暂估单价应当按照工程造价管理机构发布的工程造价信息中的材料单价计算,未发布的材

料单价,其单价应当参考市场价格估算。专业工程暂估价应分不同的专业,按有关计价规定进行估算。

3)计日工。计日工包括计日工人工、材料和施工机械。在编制招标控制价时,对计日工中的人工单价和施工机械台班单价应当按照省级、行业建设主管部门或其授权的工程造价管理机构公布的单价计算;材料应当按照工程造价管理机构发布的工程造价信息中的材料单价计算,未发布材料单价的材料,其价格应当按照市场调查确定的单价计算。

4)总承包服务费。编制招标控制价时,总承包服务费应当按照省级或行业建设主管部门的规定计算,《建设工程工程量清单计价规范》(GB 50500—2008)在条文说明中列出的以下标准仅供参考:

①招标人仅要求对分包的专业工程进行总承包管理和协调时,按分包的专业工程估算造价的 1.5%计算;

②招标人要求对分包的专业工程进行总承包管理和协调,并同时要求提供配合服务时,根据招标文件列出的配合服务内容和提出的要求,按分包的专业工程估算造价的3%~5%计算;

③招标人自行供应材料的,按招标人供应材料价值的 1%计算。

(7)规费和税金的计价原则。规费和税金应当按照国家或省级、行业建设主管部门规定的标准计算。

(8)招标控制价的公布和备查事项。招标控制价应在招标时公布,不应上调或下浮,招标人应将招标控制价及有关资料报送工程所在地造价管理机构备查。

(9)投标人经复核认为招标人公布的招标控制价未按照《建设工程工程量清单计价规范》(GB 50500—2008)的规定进行编制的,应在开标前 5 天向招投标监督机构或工程造价管理机构投诉。招投标监督机构应与工程造价管理机构共同对投诉进行处理,发现确有错误的,应责成招标人进行修改。

3.投标价

(1)投标报价的确定原则。投标报价编制和确定的最基本特征是由投标人自主报价,这是市场竞争形成价格的体现,但不得低于成本。投标价应由投标人或受其委托具有相应资质的工程造价咨询人编制。

(2)投标人应按招标人提供的工程量清单填报价格。所填写的项目编码、项目名称、项目特征、计量单位和工程量必须与招标人提供的相一致。

(3)投标报价应根据以下依据编制:

1)《建设工程工程量清单计价规范》(GB 50500—2008);

2)国家或省级、行业建设主管部门颁发的计价办法;

3)企业定额,国家或省级、行业建设主管部门颁发的计价定额;

4)招标文件、工程量清单及其补充通知、答疑纪要;

5)建设工程设计文件及相关资料;

6)施工现场情况、工程特点及拟定的投标施工组织设计或者施工方案;

7)与建设项目相关的标准及规范等技术资料;

8)工程造价管理机构发布的工程造价信息或者市场价格信息;

9)其他相关资料。

(4)编制投标报价时,分部分项工程项目综合单价的确定原则。分部分项工程费主要是确定综合单价。

1)确定依据。分部分项工程量清单项目的特征描述是确定其清单项目综合单价的最重要依据之一,投标人投标报价时应依据招标文件中分部分项工程量清单项目的特征描述来确定清单项目的综合单价。在招投标过程中,当出现招标文件中分部分项工程量清单特征描述与设计图纸不相符的情况时,投标人应以分部分项工程量清单的项目特征描述为准,确定投标报价的综合单价。当施工中施工图纸或设计变更与工程量清单项目特征描述不相符时,发包和承包双方应当按照实际施工的项目特征,依据合同约定重新确定综合单价。

2)材料暂估价。招标文件中提供了暂估单价的材料,应当按照暂估的单价计入综合单价。

3)风险费用。招标文件中要求投标人承担的风险费用,投标人应考虑计入综合单价。在施工过程中,当出现的风险内容及其范围(幅度)在招标文件规定的范围(幅度)内时,综合单价不得变动,工程价款也不做调整。

(5)投标人可以根据工程实际情况结合施工组织设计,对招标人所列的措施项目进行增补。

(6)投标人对其他项目费投标报价的依据及原则。

1)暂列金额应当按照其他项目清单中列出的金额填写,不得变动;

2)暂估价不得变动和更改。暂估价中的材料必须按照暂估单价计入综合单价;专业工程暂估价必须按照其他项目清单中所列出的金额进行填写;

3)计日工应当按照其他项目清单列出的项目和估算的数量,自主确定各项综合单价并计算费用;

4)总承包服务费应当根据招标人在招标文件中所列出的分包专业工程内容和供应材料、设备情况,按照招标人提出的协调、配合与服务要求和施工现场管理需要自主进行确定。

(7)投标人对规费和税金投标报价的原则。规费和税金的计取标准是根据有关法律、法规和政策规定制定的,具有强制性。投标人是法律、法规和政策的执行者,不能改变,更不能制定,其必须按照法律、法规和政策的有关规定执行。

(8)投标人投标总价的计算原则。实行工程量清单招标,投标人的投标总价应当与组成工程量清单的分部分项工程费、措施项目费、其他项目费和规费、税金的合计金额相符,即投标人在进行工程量清单招标的投标报价时,不得进行投标总价优惠(或降价、让利),投标人对投标报价的任何优惠(或降价、让利)都应当反映在相应清单项目的综合单价中。

4.工程合同价款的约定

(1)工程合同中约定工程价款的原则。实行招标的工程合同价款应当在中标通知书发出之日起30天内,由发包和承包双方依据招标文件和中标人的投标文件在书面合同中进行约定。

不实行招标的工程合同价款,在发包和承包双方认可的工程价款基础上,由发包和承包双方在合同中进行约定。

(2)实行招标的工程合同约定的原则。实行招标的工程,合同约定不得违背招、投标文件中关于工期、造价和质量等方面的实质性内容。招标文件与中标人投标文件不相符的地方,以投标文件为准。

(3)实行工程量清单计价的工程应采用单价合同方式。合同约定的工程价款中所包含的工程量清单项目综合单价在约定的条件内是固定的,不予调整,但工程量允许调整。工程量清单项目综合单价在约定的条件外允许调整,但调整的方式和方法应在合同中进行约定。

实践中常见的有单价合同和总价合同两种主要形式,均可以采用工程量清单计价,其区别仅在于工程量清单中所填写的工程量的合同约束力。采用单价合同形式时,工程量清单是合同文件所必需的组成内容,其中的工程量一般具备合同约束力(量可调),工程款结算时应当按照合同中约定应予计量并实际完成的工程量计算进行调整。工程量清单计价的主要优点是由招标人提供统一的工程量清单。而采用总价合同形式时,工程量清单中的工程量不具备合同约束力(量不可调),工程量以合同图纸的标示内容为准,工程量以外的其他内容一般均赋予合同以约束力,便于合同变更的计量和计价。

(4)合同价款的约定事项,以及合同约定不明的处理方式

1)预付工程款。如使用的钢材、水泥等大宗材料,可根据工程的具体情况设置工程材料预付款。应在合同中约定预付款数额及支付时间,如合同签订后一个月支付、开工日前7天支付等;约定抵扣方式,如在工程进度款中按比例抵扣;约定违约责任,如不按合同约定支付预付款的利息计算,违约责任等。

2)工程计量与进度款支付。应在合同中约定计量时间和方式,可按月计量,如每月28日。进度款支付周期与计量周期保持一致;约定支付时间:如计量后7天或10天以内支付;约定支付数额,如已完工作量的70%或80%等;约定违约责任,如不按合同约定支付进度款的利率、违约责任等。

3)工程价款的调整。约定调整因素,如工程变更后综合单价调整,钢材价格上涨超过投标报价时的3%,工程造价管理机构发布的人工费调整等;约定调整方法,如在结算时一次调整,材料采购时报发包人调整等;约定调整程序,承包人提交调整报告给发包人,由发包人现场代表审核签字等;约定支付时间,如与工程进度款支付同时进行等。

4)索赔与现场签证。约定索赔与现场签证的程序,如由承包人提出、发包人现场代表或授权的监理工程师核对等;约定索赔提出时间,如知道索赔事件发生后的28天内等;约定核对时间,收到索赔报告后7天以内、10天以内等;约定支付时间,原则上与工程进度款同期支付等。

5)工程价款争议。约定解决价款争议的办法,是协商、还是调解,如调解,应由哪个机构调解;如在合同中约定仲裁,应标明具体的仲裁机关名称,以免仲裁条款无效;约定诉讼等。

6)承担风险。约定风险的内容范围,如全部材料、主要材料等;约定物价变化调整幅度,如钢材、水泥价格涨幅超过投标报价的3%,其他材料超过投标报价的5%等。

7)工程竣工结算。约定承包人在什么时间提交竣工结算书,发包人或其委托的工程

造价咨询企业在什么时间内核对完毕,核对完毕之后,什么时间内支付结算价款等。

8)工程质量保修金。在合同中约定数额,如合同价款的 3% 等;约定支付方式,如竣工结算一次扣清等;约定归还时间,如保修期满 1 年后退还等。

9)其他事项。合同中涉及工程价款的事项比较多,凡能够详细约定的事项都应尽可能具体的约定,约定的用词也应尽可能唯一,如有几种解释,最好对用词进行定义,尽量避免因理解上的歧义而造成合同纠纷。

5.工程计量与价款支付

(1)预付款的支付和抵扣原则。发包人应当按照合同约定支付工程预付款,支付的工程预付款应当按照合同约定在工程进度款中抵扣。

(2)工程计量和进度款支付方式。发包人支付工程进度款,应当按照合同的约定计量和支付,支付周期应与计量周期一致。

发包人向承包人支付工程进度款的前提和依据是正确计量工程量。其计量和付款周期可采用分段或按月结算的方式。根据财政部、建设部印发的《建设工程价款结算暂行办法》(财建[2004]369 号)的规定:

1)按月结算与支付。即实行按月支付进度款,竣工后结算的办法。合同工期在两个年度以上的工程,在年终进行工程盘点,办理年度结算。

2)分段结算与支付。即当年开工、当年不能竣工的工程按照工程形象进度,划分不同阶段,支付工程进度款。当采用分段结算方式时,应在合同中约定具体的工程分段划分,付款周期应与计量周期相一致。

(3)工程量计量的原则。工程量应当按照承包人在履行合同义务过程中实际完成的工程量计量。若发现工程量清单中出现漏项、工程量计算偏差,以及工程变更而引起工程量的增减变化时,应按实调整,正确计量。

(4)承包人与发包人进行工程计量的要求。当发包和承包双方在合同中未对工程量的计量时间、程序、方法和要求作约定时,应按以下规定办理:

1)承包人应在每个月末或合同约定的工程段完成后向发包人递交上月或上一工程段已完成的工程量报告;

2)发包人应在接到报告后 7 天内按照施工图纸(含设计变更)核对已完成的工程量,并在计量前 24 小时通知承包人,承包人应提供条件并按时参加。

3)计量结果:

①如发包和承包双方均同意计量结果,则双方应签字确认;

②如承包人收到通知后不参加计量核对,则应以发包人核实的计量作为工程量的正确计量;

③如发包人未在规定的核对时间内进行计量核对,则承包人提交的工程计量应视为发包人已经认可;

④如发包人未在规定的核对时间内通知承包人,致使承包人未能参加计量核对的,则由发包人所作的计量核实结果视为无效;

⑤对于承包人超出施工图纸范围或者因为承包人的原因造成返工的工程量,发包人不予计量;

⑥如承包人不同意发包人核实的计量结果,承包人应在收到上述结果后 7 天内向发包人提出,并申明承包人认为不正确的详细情况。发包人收到后,应在 2 天内重新核对有关工程量的计量,或予以确认,或将其修改。

发包和承包双方认可的核对后的计量结果,应作为支付工程进度款的依据。

(5)承包人递交进度款支付申请的原则。承包人应在每个付款周期末,向发包人递交进度款支付申请,并附相应的证明文件。除合同另有约定的之外,进度款支付申请应包括以下内容:

1)本周期已完成工程的价款;

2)累计已完成的工程价款;

3)累计已支付的工程价款;

4)本周期已完成计日工金额;

5)应增加和扣减的变更金额;

6)应增加和扣减的索赔金额;

7)应抵扣的工程预付款;

8)应扣减的质量保证金;

9)根据合同应增加和扣减的其他金额;

10)本付款周期实际应支付的工程价款。

(6)发包人支付工程进度款的原则。发包人在收到承包人递交的工程进度款支付申请及相应的证明文件之后,发包人应在合同约定的时间内核对和支付工程进度款。发包人应扣回的工程预付款,应与工程进度款同期结算抵扣。

(7)当发包人未按合同约定支付工程进度款时,发包和承包双方进行协商处理的原则。

1)发包人未在合同约定时间内支付工程进度款,承包人应及时向发包人发出要求付款的通知;

2)发包人收到承包人通知后仍不按要求付款时,可与承包人协商签订延期付款协议,经承包人同意后延期支付;

3)协议应明确延期支付的时间,以及从付款申请生效后按同期银行贷款利率计算应付工程进度款的利息。

(8)发包人不按合同约定支付工程进度款的责任。发包人不按合同约定支付工程进度款,双方又未达成延期付款协议,从而导致施工无法进行时,承包人可停止施工,由发包人承担违约责任。

6.索赔与现场签证

(1)索赔的条件。建设工程施工中的索赔是发包和承包双方行使正当权利的行为,承包人可向发包人索赔,发包人也可向承包人索赔。

合同一方向另一方提出索赔时,应有正当的索赔理由和有效证据,并应符合合同的相关约定。

(2)若承包人认为是由于非承包人原因发生的事件造成了承包人的经济损失,承包人应在确认该事件发生后,按合同约定向发包人发出索赔通知。

发包人在收到最终索赔报告且在合同约定时间内,未向承包人作出答复,视为该项索赔已经认可。

(3)发包人对索赔事件的处理程序和要求。承包人索赔按以下程序处理:

1)承包人在合同约定的时间内向发包人递交费用索赔意向通知书;

2)发包人指定专人收集与索赔有关的资料;

3)承包人在合同约定的时间内向发包人递交费用索赔申请表;

4)发包人指定的专人初步审查费用索赔申请表,符合《建设工程工程量清单计价规范》(GB 50500—2008)第4.6.1条规定的条件时予以受理;

5)发包人指定的专人进行费用索赔核对,并经造价工程师复核索赔金额后,与承包人协商确定并由发包人批准;

6)发包人指定的专人应在合同约定的时间内签署费用索赔审批表,或发出要求承包人提交有关索赔的进一步详细资料的通知,待收到承包人提交的详细资料后,按4)、5)的程序进行。

(4)索赔事件发生后,在造成费用损失时,往往会造成工期的变动。当索赔事件造成的费用损失与工期相关联时,承包人应在根据发生的索赔事件向发包人提出费用索赔要求的同时,提出工期延长的要求。

发包人在批准承包人的索赔报告时,应将索赔事件造成的费用损失和工期延长联系起来,综合作出批准费用索赔和工期延长的决定。

(5)若发包人认为是由于承包人的原因造成额外损失,发包人应在确认引起索赔的事件后,按合同约定向承包人发出索赔通知。

承包人在收到发包人索赔通知且在合同约定时间内,未向发包人作出答复,视为该项索赔已经认可。

(6)承包人应发包人要求完成合同以外的零星工作或非承包人责任事件发生时,承包人应按合同约定及时向发包人提出现场签证。

(7)发包和承包双方确认的索赔与现场签证费用与工程进度款同期支付。

7.工程价款调整

(1)法律、法规、规章和政策发生变化时,合同价款的调整原则。招标工程以投标截止日前28天,非招标工程以合同签订前28天为基准日,其后国家的法律、法规、规章和政策发生变化影响工程造价的,应按省级或行业建设主管部门或其授权的工程造价管理机构发布的规定调整合同价款。

(2)若施工中出现施工图纸(含设计变更)与工程量清单项目特征描述不符的,发包和承包双方应按新的项目特征确定相应工程量清单项目的综合单价。

(3)因分部分项工程量清单漏项或非承包人原因的工程变更,造成增加新的工程量清单项目,其对应的综合单价应按以下方法确定:

1)合同中已有适用的综合单价,按合同中已有的综合单价确定;

2)合同中有类似的综合单价,参照类似的综合单价确定;

3)合同中没有适用或类似的综合单价,由承包人提出综合单价,经发包人确认后执行。

(4)因分部分项工程量清单漏项或非承包人原因的工程变更,引起措施项目发生变化,影响施工组织设计或施工方案发生变更,造成措施费发生变化的调整原则。具体如下:

1)原措施费中已有的措施项目,按原措施费的组价方法调整;

2)原措施费中没有的措施项目,由承包人根据措施项目变更情况,提出适当的措施费变更,经发包人确认后调整。

(5)在合同履行过程中,因非承包人原因引起的工程量增减与招标文件中提供的工程量可能有偏差,该偏差对工程量清单项目的综合单价将产生影响,是否调整综合单价以及如何调整应在合同中约定。若合同未作约定,本条条文说明指出,应按以下原则办理:

1)当工程量清单项目工程量的变化幅度在10%以内时,其综合单价不做调整,执行原有综合单价。

2)当工程量清单项目工程量的变化幅度在10%以外,且其影响分部分项工程费超过0.1%时,其综合单价以及对应的措施费(如有)均应作调整。调整的方法是由承包人对增加的工程量或减少后剩余的工程量提出新的综合单价和措施项目费,经发包人确认后调整。

(6)若施工期内市场价格波动超出一定幅度时,应按合同约定调整工程价款;合同没有约定或约定不明确的,应按省级或行业建设主管部门或其授权的工程造价管理机构的规定调整。

(7)当不可抗力事件发生造成损失时,工程价款的调整原则。因不可抗力事件导致的费用,发包和承包双方应按以下原则分别承担并调整工程价款:

1)工程本身的损害、因工程损害导致第三方人员伤亡和财产损失以及运至施工场地用于施工的材料和待安装的设备的损害,由发包人承担;

2)发包人、承包人人员伤亡由其所在单位负责,并承担相应费用;

3)承包人的施工机械设备损坏及停工损失,由承包人承担;

4)停工期间,承包人应发包人要求留在施工场地的必要的管理人员及保卫人员的费用,由发包人承担;

5)工程所需清理、修复费用,由发包人承担。

(8)工程价款调整的程序。工程价款调整因素确定后,发包和承包双方应按合同约定的时间和程序提出并确认调整的工程价款。当合同未作约定或《建设工程工程量清单计价规范》(GB 50500—2008)的有关条款未作规定时,本条的条文说明指出,按下列规定办理:

1)调整因素确定后14天内,由受益方向对方递交调整工程价款报告。受益方在14天内未递交调整工程价款报告的,视为不调整工程价款。

2)收到调整工程价款报告的一方应在收到之日起14天内予以确认或提出协商意见,如在14天内未作确认也未提出协商意见时,视为调整工程价款报告已被确认。

(9)经发包和承包双方确定调整的工程价款,作为追加(减)合同价款与工程进度款同期支付。

8. 竣工结算

(1)竣工结算的办理原则。工程完工后,发包和承包双方应在合同约定时间内办理工程竣工结算。

(2)工程竣工结算由承包人或受其委托具有相应资质的工程造价咨询人编制,由发包人或受其委托具有相应资质的工程造价咨询人核对。

(3)办理竣工结算价款的依据

工程竣工结算应依据以下几点:

1)《建设工程工程量清单计价规范》(GB 50500—2008);

2)施工合同;

3)工程竣工图纸及资料;

4)双方确认的工程量;

5)双方确认追加(减)的工程价款;

6)双方确认的索赔、现场签证事项及价款;

7)投标文件;

8)招标文件;

9)其他依据。

(4)办理竣工结算时,分部分项工程费的计价原则

1)工程量应依据发包和承包双方确认的工程量计算;

2)综合单价应依据合同约定的单价计算;如发生了调整的,以发包和承包双方确认调整后的综合单价计算。

(5)办理竣工结算时,措施项目费的计价原则

1)明确采用综合单价计价的措施项目,应依据发包和承包双方确认的工程量和综合单价计算;

2)明确采用“项”计价的措施项目,应依据合同约定的措施项目和金额或发包和承包双方确认调整后的措施项目费金额计算。

3)措施项目费中的安全文明施工费应按照国家或省级、行业建设主管部门的规定计算。施工过程中,国家或省级、行业建设主管部门对安全文明施工费进行了调整的,措施项目费中的安全文明施工费应作相应调整。

(6)其他项目费用应按以下规定计算

1)计日工应按发包人实际签证确认的事项计算;

2)暂估价中的材料单价应按发包和承包双方最终确认价在综合单价中调整;专业工程暂估价应按中标价或发包人、承包人与分包人最终确认价计算;

3)总承包服务费应依据合同约定金额计算,如发生调整的,以发包和承包双方确认调整的金额计算;

4)索赔费用应依据发包和承包双方确认的索赔事项和金额计算;

5)现场签证费用应依据发包和承包双方签证资料确认的金额计算;

6)暂列金额应减去工程价款调整与索赔、现场签证金额计算,如有余额归发包人。

(7)规费和税金的计取原则。竣工结算中应按照国家或省级、行业建设主管部门对规

费和税金的计取标准计算。

(8)承包人编制、递交竣工结算书的原则。承包人应在合同约定时间内编制完成竣工结算书,并在提交竣工验收报告的同时递交给发包人。

承包人未在合同约定时间内递交竣工结算书,经发包人催促后仍未提供或没有明确答复的,发包人可以根据已有资料办理结算。

(9)发包人在收到承包人递交的竣工结算书后,应按合同约定时间核对。同一工程竣工结算核对完成,发包和承包双方签字确认后,禁止发包人又要求承包人与另一个或多个工程造价咨询人重复核对竣工结算。

(10)发包和承包双方在办理竣工结算中的责任。发包人或受其委托的工程造价咨询人收到承包人递交的竣工结算书后,在合同约定时间内,不核对竣工结算或未提出核对意见的,视为承包人递交的竣工结算书已经认可,发包人应向承包人支付工程结算价款。

承包人在接到发包人提出的核对意见后,在合同约定时间内,不确认也未提出异议的,视为发包人提出的核对意见已经认可,竣工结算办理完毕。

(11)发包人应对承包人递交的竣工结算书签收,拒不签收的,承包人可以不交付竣工工程。承包人未在合同约定时间内递交竣工结算书的,发包人要求交付竣工工程,承包人应当交付。

(12)竣工结算办理完毕,发包人应将竣工结算书报送工程所在地工程造价管理机构备案。竣工结算书作为工程竣工验收备案、交付使用的必备文件。

(13)竣工结算办理完毕,发包人应根据确认的竣工结算书在合同约定时间内向承包人支付工程竣工结算价款。

(14)发包人未在合同约定时间内向承包人支付工程结算价款的,承包人可催告发包人支付结算价款。如达成延期支付协议的,发包人应按同期银行同类贷款利率支付拖欠工程价款的利息。如未达成延期支付协议,承包人可以与发包人协商将该工程折价,或申请人民法院将该工程依法拍卖,承包人就该工程折价或者拍卖的价款优先受偿。

9.工程计价争议处理

(1)工程造价计价依据的解释机构。在工程计价中,对工程造价计价依据、办法以及相关政策规定发生争议事项的,由工程造价管理机构负责解释。

(2)在发包人对工程质量有异议的情况下,工程竣工结算的办理原则。

1)已竣工验收或已竣工未验收但实际投入使用的工程,其质量争议按该工程保修合同执行,竣工结算按合同约定办理;

2)已竣工未验收且未实际投入使用的工程以及停工、停建工程的质量争议,应当就有争议部分竣工结算暂缓办理,并就有争议的工程部分委托有资质的检测鉴定机构进行检测,根据检测结果确定解决方案,或按工程质量监督机构的处理决定执行后办理竣工结算。

(3)发包和承包双方发生工程造价合同纠纷时,应通过下列办法解决:

1)双方协商;

2)提请调解,工程造价管理机构负责调解工程造价问题;

3)按合同约定向仲裁机构申请仲裁或向人民法院起诉。

(4)工程造价鉴定的机构。在合同纠纷案件处理中,需作工程造价鉴定的,应委托具有相应资质的工程造价咨询人进行。

7.1.4　工程量清单计价表格

1.计价表格组成

(1)封面

1)工程量清单。

招标人自行编制工程量清单时,应由招标人单位注册的造价人员编制。招标人盖单位公章,法定代表人或其授权人签字或盖章;若编制人是造价工程师,应由其签字盖执业专用章;若编制人是造价员,则应在编制人栏签字盖专用章,并由造价工程师复核,在复核人栏签字盖执业专用章。

招标人委托工程造价咨询人编制工程量清单时,由工程造价咨询人单位注册的造价人员编制。工程造价咨询人盖单位资质专用章,法定代表人或其授权人签字或盖章;若编制人是造价工程师,应由其签字盖执业专用章;若编制人是造价员,则应在编制人栏签字盖专用章,并由造价工程师复核,在复核人栏签字盖执业专用章。

具体格式如表 7.3 所示:

表 7.3

＿＿＿＿＿＿＿＿＿＿＿工程
工程量清单
工程造价

招　标　人:＿＿＿＿＿＿＿＿＿　　　　　咨　询　人:＿＿＿＿＿＿＿＿＿
　　　　　(单位盖章)　　　　　　　　　　　　　　　(单位资质专用章)

法定代表人　　　　　　　　　　　　　　　法定代表人
或其授权人:＿＿＿＿＿＿＿＿＿　　　　　或其授权人:＿＿＿＿＿＿＿＿＿
　　　　　(签字或盖章)　　　　　　　　　　　　　(签字或盖章)

编　制　人:＿＿＿＿＿＿＿＿＿　　　　　复　核　人:＿＿＿＿＿＿＿＿＿
　　　　(造价人员签字或盖章)　　　　　　　　(造价工程师签字或盖章)

编制时间:　　年　　月　　日　　　　　复核时间:　　年　　月　　日

2)招标控制价。

招标人自行编制招标控制价时,由招标人单位注册的造价人员编制。招标人盖单位公章,法定代表人或其授权人签字或盖章;若编制人是造价工程师,应由其签字盖执业专用章;若编制人是造价员,则应由其在编制人栏签字盖专用章,并由造价工程师复核,在复核人栏签字盖执业专用章。

招标人委托工程造价咨询人编制招标控制价时,由工程造价咨询人单位注册的造价人员编制。工程造价咨询人盖单位资质专用章,法定代表人或其授权人签字或盖章;若编制人是造价工程师,应由其签字盖执业专用章;若编制人是造价员,则应在编制人栏签字盖专用章,并由造价工程师复核,在复核人栏签字盖执业专用章。

具体格式如表7.4所示。

表7.4

```
_____工程
                招标控制价

招标控制价(小写)：_____
        (大写)：_____


招  标  人：_____        工程造价
                               咨 询 人：_____
        (单位盖章)                            (单位资质专用章)


法定代表人                        法定代表人
或其授权人：_____        或其授权人：_____
        (签字或盖章)                          (签字或盖章)


编  制  人：_____        复  核  人：_____
      (造价人员签字或专用盖章)              (造价工程师签字或盖专用章)


编制时间：    年    月    日        复核时间：    年    月    日
```

3)投标总价。

投标人编制投标报价时,由投标人单位注册的造价人员编制。投标人盖单位公章,法定代表人或其授权人签字或盖章;编制的造价人员(造价工程师或造价员)签字盖执业专用章。具体格式如表7.5所示。

表7.5

```
                投标总价

招      标      人：_____
工  程  名  称：_____
投标总价(小写)：_____
      (大写)：_____


投      标      人：_____
                (单位盖章)


法定代表人
或其授权人：_____
            (签字或盖章)


编      制      人：_____
              (造价人员签字或专用章)


编制时间：    年    月    日
```

4)竣工结算总价。

承包人自行编制竣工结算总价,由承包人单位注册的造价人员编制。承包人盖单位公章,法定代表人或其授权人签字或盖章;编制的造价人员(造价工程师或造价员)在编制人栏签字盖执业专用章。

当发包人自行核对竣工结算时,由发包人单位注册的造价工程师核对。发包人盖单位公章,法定代表人或其授权人签字或盖章,造价工程师在核对人栏签字盖执业专用章。

当发包人委托工程造价咨询人核对竣工结算时,由工程造价咨询人单位注册的造价工程师核对。发包人盖单位公章,法定代表人或其授权人签字或盖章;工程造价咨询人盖单位资质专用章,法定代表人或其授权人签字或盖章,造价工程师在核对人栏签字盖执业专用章。

除出现发包人拒绝或不答复承包人竣工结算书的特殊情况之外,竣工结算办理完毕后,竣工结算总价封面的发包和承包双方的签字、盖章应当齐全。

具体格式如表 7.6 所示。

表 7.6

_____工程

竣工结算总价

中标价(小写):_____　　(大写):_____

结算价(小写):_____　　(大写):_____

发包人:_____　承包人:_____　工程造价
咨 询 人:_____

　　(单位盖章)　　　　　　(单位盖章)　　　　　　(单位资质专用章)

法定代表人
或其授权人:_____　法定代表人
或其授权人:_____　法定代表人
或其授权人:_____

　　(签字或盖章)　　　　　(签字或盖章)　　　　　(签字或盖章)

编 制 人:_____　　核 对 人:_____

　(造价人员签字盖专用章)　　　(造价工程师签字盖专用章)

编制时间:　　年　月　日　　复核时间:　　年　月　日

(2)总说明

1)工程量清单,总说明的内容应包括以下几方面:

①工程概况。例如建设地址、建设规模、工程特征、交通状况、环保要求等。

②工程发包、分包范围。

③工程量清单编制依据。例如采用的标准、施工图纸、标准图集等。

④使用材料设备、施工的特殊要求等。

⑤其他需要说明的问题。

2)招标控制价,总说明的内容应包括以下几方面:

①采用的计价依据。

②采用的施工组织设计。

③采用的材料价格来源。

④综合单价中风险因素、风险范围(幅度)。

⑤其他等。

3)投标报价,总说明的内容应包括以下几方面:

①采用的计价依据。

②采用的施工组织设计。

③综合单价中包含的风险因素,风险范围(幅度)。

④措施项目的依据。

⑤其他有关内容的说明等。

4)竣工结算,总说明的内容应包括以下几方面:

①工程概况。

②编制依据。

③工程变更。

④工程价款调整。

⑤索赔。

⑥其他等。

具体格式如表 7.7 所示。

表 7.7 总说明

工程名称: 第   页 共   页

(3)汇总表

1)招标控制价使用表。实际上,编制招标控制价和投标价包含的内容相同,只是对价格的处理不同,所以,对招标控制价和投标报价汇总表的设计使用同一表格。实践中,对招标控制价或投标报价可分别印制该表格。具体格式如表7.8~7.10所示。

表7.8 工程项目招标控制价/投标报价汇总表

工程名称: 第 页 共 页

序号	单项工程名称	金额/元	其中		
			暂估价/元	安全文明施工费/元	规费/元

注:本表适用于工程项目招标控制价或投标报价的汇总。

表 7.9　单项工程招标控制价/投标报价汇总表

工程名称：　　　　　　　　　　　　　　　　　　　　　　　　第　页　共　页

序号	单项工程名称	金额/元	其中		
			暂估价/元	安全文明施工费/元	规费/元

注：本表适用于单项工程招标控制价或投标报价的汇总,暂估价包括分部分项工程中的暂估价和专业工程暂估价。

表 7.10　单位工程招标控制价/投标报价汇总表

序号	汇 总 内 容	金额/元	其中:暂估价/元
1	分部分项工程		
1.1			
1.2			
1.3			
1.4			
1.5			
2	措施项目		
2.1	安全文明施工费		
3	其他项目		
3.1	暂列金额		
3.2	专业工程暂估价		
3.3	计日工		
3.4	总承包服务费		
4	规费		
5	税金		
	招标控制价合计 = 1 + 2 + 3 + 4 + 5		

注:本表适用于单位工程招标控制价或投标报价的汇总,如无单位工程划分,单项工程也使用本表
汇总。

2)投标报价使用表。投标报价使用表与招标控制价的表样一致,需要说明的是,投标报价汇总表与投标函中投标报价金额应当相一致。就投标文件的各个组成部分而言,投标函是最重要的文件,其他组成部分都是投标函的支持性文件,投标函是指必须经过投标人签字画押,并且在开标会上当众宣读的文件。如果投标报价汇总表的投标总价与投标函填报的投标总价不一致,应当以投标函中填写的大写金额为准。实践中,对该原则一直缺少一个明确的依据,可以在"投标人须知"中给予明确,用在招标文件中预先给予明示约定的方式来弥补法律、法规依据的不足,以避免出现争议。具体格式也如表 7.8~7.10 所示。

3)竣工结算汇总使用表。具体格式如表 7.11~7.13 所示。

表 7.11　工程项目竣工结算汇总表

序号	单项工程名称	金额/元	其　　中	
			安全文明施工费/元	规费/元
合　　计				

表 7.12　单项工程竣工结算汇总表

序号	单项工程名称	金额/元	其　中	
			安全文明施工费/元	规费/元
	合　计			

表 7.13　单位工程竣工结算汇总表

工程名称：　　　　　　　　　　　标段：　　　　　　　第　页　共　页

序号	汇 总 内 容	金额/元
1	分部分项工程	
1.1		
1.2		
1.3		
1.4		
1.5		
2	措施项目	
2.1	安全文明施工费	
3	其他项目	
3.1	专业工程结算价	
3.2	计日工	
3.3	总承包服务费	
3.4	索赔与现场签证	
4	规费	
5	税金	
	竣工结算总价合计 = 1 + 2 + 3 + 4 + 5	

注：如无单位工程划分，单项工程也使用本表汇总。

(4)分部分项工程量清单表

1)分部分项工程量清单与计价表。与《建设工程工程量清单计价规范》(GB 50500—2003)相比,《建设工程工程量清单计价规范》(GB 50500—2008)将分部分项工程量清单表与分部分项工程量清单计价表合二为一,将工程量清单和投标人报价统一在同一个表格中的这种表现形式,与国际上常见的工程量清单是一致的,与国家发改委、财政部、建设部等九部委第56号令发布的标准施工招标文件中的"工程量清单表"的表现形式也是一致的。这种表现形式反映了良好的交易习惯,采用这种表现形式,大大地减少了投标人因两表分设而可能带来的出错的概率。可以认为,这种表现形式可以满足不同行业工程计价的实际需要。

另外,此表也是编制招标控制价、投标价和竣工结算的最基本用表,具体格式如表7.14所示。

表7.14　分部分项工程量清单与计价表

序号	项目编码	项目名称	项目特征描述	计量单位	工程量	金额/元		
						综合单价	合价	其中:暂估价
本页小计								
合　计								

注:根据建设部、财政部发布的《建设安装工程费用组成》(建标[2003]206号)的规定,为计取规费等的使用,可在表中增设其中:"直接费""人工费"或"人工费＋机械费"。

2)工程量清单综合单价分析表。工程量清单单价分析表是评标委员会评审和判别综合单价组成和价格完整性以及合理性的主要基础,对因工程变更而调整综合单价来说也是必不可少的基础价格数据来源。采用经评审的最低投标价法评标时,该分析表的重要性更加明显。具体格式如表7.15所示。

表 7.15　工程量清单综合单价分析表

项目编码				项目名称				计量单位			
清单综合单价组成明细											
定额编号	定额名称	定额单位	数量	单 价				合 价			
				人工费	材料费	机械费	管理费和利润	人工费	材料费	机械费	管理费和利润
人工单价		小　　计									
元/工日		未计价材料费									
清单项目综合单价											
材料费明细	主要材料名称、规格、型号					单位	数量	单价(元)	合价(元)	暂估单价(元)	暂估合价(元)
	其他材料费							—		—	
	材料费小计							—		—	

注:1.如不使用省级或行业建设主管部门发布的计价依据,可不填定额项目、编号等。
　　2.招标文件提供了暂估单价的材料,按暂估的单价填入表内"暂估单价"栏及"暂估合价"栏。

(5)措施项目清单表

1)措施项目清单与计价表(一)。

措施项目清单与计价表(一)适用于以"项"计价的措施项目。

①编制工程量清单时,表中的项目可根据工程实际情况进行增减。

②编制招标控制价时,计费基础、费率应按省级或行业建设主管部门的规定计取。

③编制投标报价时,除"安全文明施工费"必须按《建设工程工程量清单计价规范》(GB 50500—2008)的强制性规定,按省级、行业建设主管部门的规定计取外,其他措施项目均可根据投标施工组织设计自主报价。

具体格式如表 7.16 所示。

表 7.16　措施项目清单与计价表(一)

工程名称:　　　　　　　　标段:　　　　　　第　页　共　页

序号	项目名称	计算基地	费率/%	金额/元
1	安全文明施工费			
2	夜间施工费			
3	二次搬运费			
4	冬雨季施工			
5	大型机械设备进出场及安拆费			
6	施工排水			
7	施工降水			
8	地上、地下设施、建筑物的临时保护设施			
9	已完工程及设备保护			
10	各专业工程的措施项目			
11				
12				
合　计				

注:1.本表适用于以"项"计价的措施项目。

2.根据建设部、财政部发布的《建设安装工程费用组成》(建标[2003]206 号)的规定,"计算基础"可为"直接费"或"人工费+机械费"。

2)措施项目清单与计价表(二)。

措施项目清单与计价表(二)适用于以分部分项工程量清单项目综合单价方式计价的措施项目,具体格式如表 7.17 所示。

表 7.17　措施项目清单与计价表(二)

工程名称:　　　　　　　　　　标段:　　　　　　　　第　页　共　页

序号	项目编码	项目名称	项目特征描述	计量单位	工程量	金额/元	
						综合单价	合　价
本页小计							
合　　计							

注:本表适用于以综合单价形式计价的措施项目。

(6)其他项目清单表

1)其他项目清单与计价汇总表,具体格式如表7.18所示。

表 7.18　其他项目清单与计价汇总表

工程名称:　　　　　　　　　　标段:　　　　　　　　第　页　共　页

序号	项目名称	计量单位	金额/元	备　注
1	暂列金额			明细详见 表 7.19
2	暂估价			
2.1	材料暂估价		—	明细详见 表 7.20
2.2	专业工程暂估价			明细详见 表 7.21
3	计日工			明细详见 表 7.22
4	总承包服务费			明细详见 表 7.23
5				
	合　　计			—

注:材料暂估单价进入清单项目综合单价,此处不汇总。

2)暂列金额明细表。"暂列金额"在《建设工程工程量清单计价规范》(GB 50500—2008)的定义中已经明确。在实际履约过程中可能发生,也可能不发生。暂列金额明细表要求招标人能将暂列金额与拟用项目列出明细,但如确实不能详列时,也可只列暂定金额总额,投标人应将上述暂列金额计入投标总价中。具体格式如表7.19所示。

表 7.19　暂列金额明细表

工程名称：　　　　　　　　　　标段：　　　　　　　　　　第　页　共　页

序号	项目名称	计量单位	暂定金额/元	备　注
1				
2				
3				
4				
5				
6				
7				
8				
9				
10				
11				
	合　计			—

注:此表由招标人填写,如不能详列,也可只列暂定金额总额,投标人应将上述暂列金额计入投标总价中。

3)材料暂估单价表。暂估价是指在招标阶段预见肯定要发生,只是因为标准不明确或者需要由专业承包人完成,导致暂时无法确定的具体价格。暂估价数量和拟用项目应当在本表备注栏进行补充说明。具体格式如表 7.20 所示。

表 7.20 材料暂估单价表

工程名称: 标段: 第 页 共 页

序号	材料名称、规格、型号	计量单位	单价/元	备 注

注:1.此表由招标人填写,并在备注栏说明暂估价的材料拟用在哪些清单项目上,投标人应将上述材料暂估单价计入工程量清单综合单价报价中。

2.材料包括原材料、燃料、构配件以及按规定应计入建筑安装工程造价的设备。

4)专业工程暂估价表。专业工程暂估价应在表内填写工程名称、工程内容以及暂估金额,投标人应将上述金额计入投标总价中。具体格式如表 7.21 所示。

表 7.21 专业工程暂估价表

工程名称: 标段: 第 页 共 页

序号	工程名称	工程内容	金额/元	备 注
合 计				—

注:此表由招标人填写,投标人应将上述专业工程暂估价计入投标总价中。

5)计日工表。具体格式如表 7.22 所示。

表 7.22　计日工表

工程名称：　　　　　　　　　　　　标段：　　　　　　　　第　页　共　页

编号	项目名称	单位	暂定数量	综合单价	
一	人　工				
1					
2					
3					
4					
	人工小计				
二	材　料				
1					
2					
3					
4					
5					
6					
	材料小计				
三	施工机械				
1					
2					
3					
4					
	施工机械小计				
	总　计				

注:此表项目名称、数量由招标人填写,编制招标控制价时,单价由招标人按有关计价规定确定;投标时,单价由投标人自主报价,计入投标总价中。

6)总承包服务费计价表。具体格式如表7.23所示。

表7.23 总承包服务费计价表

工程名称：　　　　　　　　　　　标段：　　　　　　　　　第　页　共　页

序号	项目名称	项目价值/元	服务内容	费率/%	金额/元
1	发包人发包专业工程				
2	发包人供应材料				
		合　计			

7)索赔与现场签证计价汇总表。索赔与现场签证计价汇总表是对发包和承包双方签证认可的"费用索赔申请(核准)表"和"现场签证表"的汇总。具体格式如表 7.24 所示。

表 7.24 索赔与现场签证计价汇总表

工程名称： 标段： 第 页 共 页

序号	签证及索赔项目名称	计量单位	数量	单价/元	合价/元	索赔及签证依据
	本页小计					—
	合 计					—

注：签证及索赔依据是指经双方认可的签证单和索赔依据的编号。

8)费用索赔申请(核准)表。费用索赔申请(核准)表将费用索赔申请与核准设置于一个表,非常直观。使用本表时,承包人代表应当按照合同条款的约定,阐述原因,并附上索赔证据、费用计算报发包人,经监理工程师复核(按照发包人的授权不论是监理工程师还是发包人现场代表均可),并经造价工程师(可以是发包人现场管理人员,也可以是发包人委托的工程造价咨询企业的人员)复核具体费用,最后经发包人审核后生效,该表以在选择栏中"□"内作标识"√"来表示。具体格式如表 7.25 所示。

表 7.25　费用索赔申请(核准)表

工程名称:　　　　　　　　　　标段:　　　　　　　　编号:

致:＿＿＿＿＿＿＿＿＿＿＿＿＿＿＿＿＿＿＿＿＿＿＿＿＿＿＿＿(发包人全称) 　　根据施工合同条款第＿＿＿＿＿条的约定,由于＿＿＿＿＿原因,我方要求索赔金额(大写)＿＿＿＿＿元,(小写)＿＿＿＿＿元,请予核准。 附:1.费用索赔的详细理由和依据; 　　2.索赔金额的计算; 　　3.证明材料。 <div align="right">承包人(章) 承包人代表＿＿＿＿＿ 日　　期＿＿＿＿＿</div>

复核意见:	复核意见:
根据施工合同条款第＿＿＿＿条的约定,你方提出的费用索赔申请经复核: □不同意此项索赔,具体意见见附件。 □同意此项索赔,索赔金额的计算由造价工程师复核。 <div align="center">监理工程师＿＿＿＿＿ 日　　期＿＿＿＿＿</div>	根据施工合同条款第＿＿＿＿条的约定,你方提出的费用索赔申请复核,索赔金额为(大写)＿＿＿＿＿元,(小写)＿＿＿＿＿元。 <div align="center">造价工程师＿＿＿＿＿ 日　　期＿＿＿＿＿</div>

审核意见: □不同意此项索赔。 □同意此项索赔,与本期进度款同期支付。   <div align="right">发包人(章) 发包人代表＿＿＿＿＿ 日　　期＿＿＿＿＿</div>

注:1.在选择栏中的"□"内作标识"√"。

　　2.本表一式四份,由承包人填报,发包人、监理人、造价咨询人、承包人各存一份。

9)现场签证表。现场签证表是对"计日工"的具体化。考虑到招标时,招标人对计日工项目的预估难免会有遗漏,从而使得实际施工发生后,无相应的计日工单价时,现场签证只能包括单价一并处理,因此,在汇总时,有计日工单价的,可归并于计日工,如无计日工单价,则归并于现场签证,以示区别。当然,现场签证全部汇总于计日工也是一种可行的处理方式。具体格式如表 7.26 所示。

表 7.26　现场签证表

工程名称：　　　　　　　　　　标段：　　　　　　　　　编号：

施工部位		日期	

致：＿＿＿＿＿＿＿＿＿＿＿＿＿＿＿＿＿＿＿＿＿＿＿＿(发包人全称)

根据＿＿＿＿(指令人姓名)　年　月　日的指令或你方＿＿＿(或监理人)年　月　日的书面通知,我方要求完成此项工作应支付价款金额为(大写)＿＿＿元,(小写)＿＿＿元,请予核准。

附:1.签证事由及原因;
　　2.附图及计算式。

承包人(章)
承包人代表＿＿＿
日　　期＿＿＿

复核意见： 　你方提出的此项签证申请经复核： 　□不同意此项签证,具体意见见附件。 　□同意此项签证,签证金额的计算由造价工程师复核。 　　　监理工程师＿＿＿ 　　　日　　期＿＿＿	复核意见： 　□此项签证按承包人中标的计日工单价计算,金额为(大写)＿＿＿元,(小写)＿＿＿元。 　□此项签证因无计日工单价,金额为(大写)＿＿＿元,(小写)＿＿＿元。 　　　造价工程师＿＿＿ 　　　日　　期＿＿＿

审核意见：
　□不同意此项签证。
　□同意此项签证,价款与本期进度款同期支付。

发包人(章)
发包人代表＿＿＿
日　　期＿＿＿

注:1.在选择栏中的"□"内作标识"√"。
　2.本表一式四份,由承包人在收到发包人(监理人)的口头或书面通知后填写,发包人、监理人、造价咨询人、承包人各存一份。

(7)规费、税金项目清单与计价表

规费、税金项目清单与计价表按照建设部、财政部印发的《建筑安装工程费用项目组成》(建标[2003]206号)列举的规费项目列项,在施工实践中,有的规费项目(如工程排污费)并非每个工程所在地都要征收,实践中可作为按实计算的费用处理。另外,按照国务院《工伤保险条例》,工伤保险建议列入,与"危险作业意外伤害保险"一并考虑。具体格式如表7.27所示。

表 7.27 规费、税金项目清单与计价表

工程名称:　　　　　　　　　　　标段:　　　　　　　　　　第　页　共　页

序号	项 目 名 称	计算基础	费率/%	金额/元
1	规费			
1.1	工程排污费			
1.2	社会保障费			
(1)	养老保险费			
(2)	失业保险费			
(3)	医疗保险费			
1.3	住房公积金			
1.4	危险作业意外伤害保险			
1.5	工程定额测定费			
2	税金	分部分项工程费 + 措施项目费 + 其他项目费 + 规费		
合　计				

注:根据建设部、财政部发布的《建筑安装工程费用组成》(建标[2003]206号)的规定,"计算基础"可为"直接费""人工费"或"人工费 + 机械费"。

(8)工程款支付申请(核准)表

　　工程款支付申请(核准)表将工程款支付申请和核准设置于一表,非常直观,由承包人代表在每个计量周期结束后,向发包人提出,由发包人授权的现场代表复核工程量(本表中设置为监理工程师),并由发包人授权的造价工程师(可以是委托的造价咨询企业)复核应付款项,最后由发包人批准实施。具体格式如表7.28所示。

表7.28　工程款支付申请(核准)表

工程名称:　　　　　　　　　　标段:　　　　　　　　　编号:

致:_____(发包人全称)

　　我方于_____至_____期间已完成了_____工作,根据施工合同的约定,现申请支付本期的工程款额为(大写)_____元,(小写)_____元,请予核准。

序号	名　　称	金额/元	备　注
1	累计已完成的工程价款		
2	累计已实际支付的工程价款		
3	本周期已完成的工程价款		
4	本周期完成的计日工金额		
5	本周期应增加和扣减的变更金额		
6	本周期应增加和扣减的索赔金额		
7	本周期应抵扣的预付款		
8	本周期应扣减的质保金		
9	本周期应增加或扣减的其他金额		
10	本周期实际应支付的工程价款		

承包人(章)

承包人代表_____

日　　期_____

复核意见:

　　□与实际施工情况不相符,修改意见见附件。

　　□与实际施工情况相符,具体金额由造价工程师复核。

监理工程师_____

日　　期_____

复核意见:

　　你方提出的支付申请经复核,本期间已完成工程款额为(大写)_____元,(小写)_____元,本期间应支付金额为(大写)_____元,(小写)_____元。

造价工程师_____

日　　期_____

审核意见:

　　□不同意。

　　□同意,支付时间为本表签发后的15天内。

发包人(章)

发包人代表_____

日　　期_____

注:1.在选择栏中的"□"内作标识"√"。

　　2.本表一式四份,由承包人填报,发包人、监理人、造价咨询人、承包人各存一份。

2.计价表格使用规定

(1)工程量清单与计价宜采用统一格式。各省、自治区、直辖市建设行政主管部门和行业建设主管部门可根据本地区、本行业的实际情况,在《建设工程工程量清单计价规范》(GB 50500—2008)计价表格的基础上补充完善。

(2)工程量清单的编制应符合以下规定

1)工程量清单编制使用表格包括表 7.3、表 7.7、表 7.14、表 7.16、表 7.17、表 7.18、表 7.19、表 7.20、表 7.21、表 7.22、表 7.23、表 7.27。

2)封面应按规定的内容填写、签字、盖章,造价员编制的工程量清单应有负责审核的造价工程师签字、盖章。

3)总说明应按以下内容填写。

①工程概况:建设规模、工程特征、计划工期、施工现场实际情况、自然地理条件、环境保护要求等。

②工程招标和分包范围。

③工程量清单编制依据。

④工程质量、材料、施工等的特殊要求。

⑤其他需要说明的问题。

(3)招标控制价、投标报价、竣工结算的编制应符合以下规定

1)使用标格。

①招标控制价使用表格包括表 7.4、表 7.7、表 7.8、表 7.9、表 7.10、表 7.14、表 7.15、表 7.16、表 7.17、表 7.18、表 7.19、表 7.20、表 7.21、表 7.22、表 7.23、表 7.27。

②投标报价使用的表格包括表 7.5、表 7.7、表 7.8、表 7.9、表 7.10、表 7.14、表 7.15、表 7.16、表 7.17、表 7.18、表 7.19、表 7.20、表 7.21、表 7.22、表 7.23、表 7.27。

③竣工结算使用的表格包括表 7.6、表 7.7、表 7.11、表 7.12、表 7.13、表 7.14、表 7.15、表 7.16、表 7.17、表 7.18、表 7.27、表 7.28。

2)封面应按规定的内容填写、签字、盖章,除承包人自行编制的投标报价和竣工结算外,受委托编制的招标控制价、投标报价、竣工结算若为造价员编制的,应有负责审核的造价工程师签字、盖章以及工程造价咨询人盖章。

3)总说明应按以下内容填写。

①工程概况:建设规模、工程特征、计划工期、合同工期、实际工期、施工现场及变化情况、施工组织设计的特点、自然地理条件、环境保护要求等。

②编制依据等。

(4)投标人应按照招标文件的要求,附工程量清单综合单价分析表。

(5)工程量清单与计价表中列明的所有需要填写的单价和合价,投标人均应填写,未填写单价和合价,视为此项费用已包含在工程量清单的其他单价和合价中。

7.1.5　分部分项工程费的计算

分部分项工程费的组成包括直接工程费、管理费和利润等项目,其清单费用的计算方法如下。

1.直接工程费的组成与计算

建筑安装工程直接工程费是指在工程施工过程中直接耗费的构成工程实体以及有助于工程实体形成的各项费用。其中包括人工费、材料费和施工机械使用费。直接工程费是构成工程量清单中"分部分项工程费"的主体费用。

(1)人工费的组成与计算

人工费是指直接从事建筑安装工程施工的生产工人的各项开支费用。

人工费的组成内容有以下几项:

1)生产工人的基本工资。

2)工资性补贴。

3)生产工人的辅助工资。

4)职工福利。

5)住房公积金。

6)工会费用。

7)职工教育经费。

8)生产工人劳动保护费。

9)劳动保险费、医疗保险费。

10)危险作业意外伤害保险。

人工费中不包括管理人员(一般包括项目经理、施工队长、工程师、技术员、财会人员、预算人员以及机械师等)、辅助服务人员(一般包括生活管理员、炊事员、医务人员、翻译人员、小车司机以及勤杂人员等)、现场保安人员等的开支费用。

人工费是结合当前我国建筑市场的状况,以及现今各投标企业的投标策略,根据工程量清单"彻底放开价格"和"企业自主报价"的特点计算的,主要有以下两种计算模式:

1)利用现行的概、预算定额计价模式。

此模式是根据工程量清单提供的清单工程量,利用现行的概、预算定额,计算出完成各个分部分项工程量清单的人工费,再根据本企业的实力以及投标策略,对各个分部分项工程量清单的人工费进行调整,然后再汇总计算出整个投标工程的人工费。计算公式为

$$人工费 = \sum \triangle (概预算定额中人工工日消耗量 \times 相应等级的日工资综合单价)(7.1)$$

这种方法具有简单、易操作、速度快,并有配套软件支持的特点,是当前我国大多数投标企业所采用的人工费计算方法。但其竞争力弱,不能充分发挥企业的特长。

2)动态的计价模式。

此模式是根据工程量清单提供的清单工程量,结合本企业的人工效率和企业定额,计算出投标工程消耗的工日数;再根据现阶段企业的经济、人力、资源状况和工程所在地的实际生活水平,以及工程的特点,计算出工日单价;然后再根据劳动力来源以及人员比例,计算出综合工日单价;最后再计算出人工费。计算公式为

$$人工费 = \sum (人工工日消耗量 \times 综合工日单价) \tag{7.2}$$

①人工工日消耗量的计算方法。

目前,国际承包工程项目计算用工的方法有分析法和指标法两种。

a.分析法。分析法多数用于施工图阶段,还可用于扩大的初步设计阶段的招标。

依据投标人企业内部的企业定额,运用分析法计算工程用工量是最准确的计算方法,如果施工企业没有自己的企业定额,其计价行为是以现行的概预算定额为依据并进行适当调整的,则可按下式计算

$$DC = R \cdot K \qquad (7.3)$$

式中　DC——人工工日数;

　　　R——用国内现行的概、预算定额计算出的人工工日数;

　　　K——人工工日折算系数。

其中,人工工日折算系数是通过对本企业施工工人的实际操作水平、技术装备和管理水平等因素进行综合评定,计算出的生产工人劳动生产率与概、预算定额水平的比率进行确定的,计算公式为

$$K = V_q / V_0 \qquad (7.4)$$

式中　K——人工工日折算系数;

　　　V_q——完成某项工程本企业应消耗的工日数;

　　　V_0——完成同项工程概预算定额消耗的工日数。

投标人应当根据自己企业的特点和招标书的具体要求对其进行灵活掌握,分别按不同专业计算多个"K"值。

b.指标法。指标法是利用工业民用建设工程用工指标计算用工量的。工业民用建设工程用工指标是指该企业根据历年来承包完成的工程项目,按照工程性质、工程规模和建筑结构形式,以及其他经济技术参数等控制因素,并运用科学的统计分析方法所分析出的用工指标。一般适用于可行性研究阶段,尚不适用于我国目前实施的工程量清单投标报价形式。

②综合工日单价的计算方法。

综合工日单价是指从事建设工程施工生产的工人日工资水平,其内容包括以下几部分。

a.本企业待业工人的最低生活保障工资。企业中不论是从事施工生产还是不从事施工生产(企业内待业或者失业)的每个职工都必须具备这部分工资;其标准不低于国家关于失业职工最低生活保障金的发放标准。

b.由国家法律规定的、强制实施的各种工资性费用支出项目。其中包括职工福利费、生产工人劳动保护费、住房公积金、劳动保险费以及医疗保险费等。

c.投标单位驻地至工程所在地生产工人的往返差旅费。其中包括短、长途公共汽车费、火车费、旅馆费、路途及住宿补助费和市内交通及补助费。此项费用可以根据投标人所在地至建设工程所在地的距离和路线调查确定。

d.外埠施工补助费。外埠施工补助费是指由企业支付给外埠施工生产工人的施工补助费。

e.夜餐补助费。夜餐补助费是指实行三班作业时,由企业支付给夜间施工生产工人的夜间餐饮补助费。

f.医疗费。医疗费是指对工人轻微伤病进行治疗的费用。

g.法定节假日工资。法定节假日工资是指法定节假日休息,例如"五·一""十·一"假

期所支付的工资。

i.法定休假日工资。法定休假日工资是指法定休假日休息所支付的工资。

g.病假或轻伤不能工作时的工资。

k.因气候影响的停工工资。

l.危险作业意外伤害保险费。危险作业意外伤害保险费是指根据建筑法规定,为从事危险作业的建筑施工人员支付的意外伤害保险费。

m.效益工资(奖金)。工人的奖金应在超额完成任务的前提下发放,费用可在超额结余的资金款项中支付,鉴于当前我国发放奖金的具体状况,奖金费用应当归入人工费。

n.应当包括在工资中但未明确的其他项目。

上述内容中,a.、b.、l.项是由国家法律强制规定实施的,综合工日单价中必须包含此三项,并且不得低于国家规定的标准。c.项费用可以按照管理费处理,不计入人工费。其余各项则由投标人自主决定选用的标准。

综合工日单价的计算过程可分为以下几个步骤:

a.根据总施工工日数(即人工工日数)及工期(日)计算总施工人数。

工日数、工期(日)和施工人数的关系如下

$$总工日数 = 工程实际施工工期(日) \times 平均总施工人数 \qquad (7.5)$$

当招标文件中已经确定了施工工期时

$$平均总施工人数 = 总工日数/工程实际施工工期(日) \qquad (7.6)$$

当招标文件中未确定施工工期,而由投标人自主确定工期时

$$最优化的施工人数或工期(日) = \sqrt{总共日数} \qquad (7.7)$$

b.确定各专业施工人员的数量及比重,计算公式为

$$某专业平均施工人数 = 某专业消耗的工日数/工程实际施工工期(日) \qquad (7.8)$$

总工日数和各专业消耗的工日数是通过"企业定额"或者公式 $DC = R \cdot K$ 计算得到的,其比重在总施工人数和各专业施工人数计算出来后即可算出。

c.确定各专业劳动力资源的来源以及构成比例。劳动力资源的来源一般有以下三种途径:

(a)本企业。这部分劳动力是施工现场劳动力资源的骨干。投标人在投标报价时,要根据本企业现有可供调配使用的生产工人的数量、技术水平、技术等级以及拟承建工程的特点,确定各专业应派遣的工人人数和工种比例。例如电气专业,需电工 30 人,焊工 4 人,起重工 2 人,共 36 人,技术等级综合取定为电工四级。

(b)外聘技工。这部分人员主要是解决本企业短缺的具有特殊技术职能和能满足特殊要求的技术工人。由于这部分人员的工资水平比较高,所以人数不宜过多。

(c)当地劳务市场招聘的力工。由于当地劳务市场的力工工资水平比较低,所以在满足工程施工要求的前提下,应提倡尽量多使用这部分劳动力。

确定上述三种劳动力资源的构成比例,应当先根据本企业现状、工程特点以及对生产工人的要求和当地劳务市场的劳动力资源的充足程度、技能水平以及工资水平进行综合评价,然后再进行合理确定。

d.确定综合工日单价。一般一个建设项目可分为土建、结构、设备、管道、电气、仪表、

通风空调、给排水、采暖、消防,以及防腐绝热等专业。各专业综合工日单价的计算公式为

　　某专业综合工日单价 = $\sum$(本专业某种来源的人力资源人工单价 × 构成比重)(7.9)

　　计算综合工日单价就是将各专业综合工日单价按加权平均的方法计算出一个加权平均数,以此作为综合工日单价。计算公式为

$$综合工日单价 = \sum(某专业综合工日单价 × 权数) \tag{7.10}$$

　　其中,权数是根据各专业工日消耗量占总工日数的比重取定的。例如,土建专业工日消耗量占总工日数的比重是 20%,则其权数为 20%;而电气专业工日消耗量占总工日数的比重是 8%,则其权数为 8%。

　　如果投标单位使用各专业综合工日单价法投标,则不需要计算综合工日单价。

　　e.分析评估调整。投标报价是否能够中标,必须进行一系列的分析评估及反复调整,最后才能加以确定。

　　(a)对本企业以往投标的同类或者类似工程的标书,按中标与未中标进行分类分析:第一,分析人工单价的计算方法和价格水平;第二,分析中标与未中标的原因,从中找出某些规律。

　　(b)进行市场调查,摸清现阶段建筑安装施工企业的人均工资水平和劳务市场的劳动力价格,特别是工程所在地的企业工资水平和劳动力价格。然后再对其价格水平和工程施工期内的变动趋势及变动幅度进行分析预测。

　　(c)对潜在的竞争对手进行分析预测,分析其可能采取的价格水平,以及造成的影响,其中包括对其自身和其他投标单位及其招标人的影响。

　　(d)确定调整价格。通过上述过程的分析,如果认为自己计算的价格过高,没有竞争力,则可以对价格进行调整。在调整价格时要注意:只能对来源于本企业工人的价格进行调整,而不能调整外聘技工和市场劳务工的工资水平,因为这两部分价格是通过市场调查取得的。例如上述实例中,可对外埠施工补助费和奖金两项调整,降低标准。调整后的价格可以作为投标报价价格。

　　另外,为了以后投标作准备,还应对报价中所使用的各种基础数据和计算资料进行整理存档。

　　③用国家工资标准,即概、预算人工单价的调整额作为计价的人工工日单价,乘以根据"企业定额"计算出的工日消耗量计算人工费。计算公式为

$$人工费 = \sum(\triangle 概预算定额中人工工日单价 × 人工工日消耗量) \tag{7.11}$$

　　动态的计价模式对企业增强竞争力,提高企业管理水平及增收创利具有十分重要的意义,它能准确地计算出本企业承揽拟建工程所需发生的人工费。这种报价模式与利用概预算定额报价相比,其缺点是工作量相对较大、程序较复杂,且企业应当拥有自己的企业定额以及各类信息数据库。

　　(2)材料费的组成与计算

　　建筑安装工程直接费中的材料费是指施工过程中所耗用的构成工程实体的各类原材料、零配件、成品及半成品等主要材料的费用,还有工程中耗费的虽不构成工程实体,但是有利于工程实体形成的各类消耗性材料费用的总和。

　　主要材料通常有钢材、线材、管材、管件、阀门、电缆电线、油漆、螺栓、水泥、砂石等,其

费用约占材料费的 85% ~ 95%。

消耗材料通常有砂纸、纱布、砂轮片、锯条、氧气、乙炔气和水、电等,费用一般占材料费的 5% ~ 15%。

材料费的计算在投标报价的过程中,是一个至关重要的问题。对于建筑安装工程来说,材料费占整个建筑安装工程费用的 60% ~ 70%。能否处理好材料费用,对一个投标人在投标过程中能否取得主动,以致最终能否一举中标都有着至关重要的影响。

计算材料费比较常用的模式有三种,即利用现行的概预算定额计价模式,全动态的计价模式和半动态的计价模式。

为了在投标中取得优势地位,计算材料费时应注意以下几点:

1)合理确定材料的消耗量。

①主要材料消耗量。

根据《建设工程工程量清单计价规范》(GB 50500—2008)的规定,招标人要在招标书中提供供投标人投标报价用的"工程量清单"。在工程量清单中,对已经提供了名称、规格、型号、材质和数量的一部分主要材料,应当按照使用量和消耗量之和进行计价。

而在工程量清单中没有提供的主要材料,投标人应当根据工程的需要(包括工程特点和工程量大小),以及以往承担工程的经验自主进行确定,其中包括材料的名称、规格、型号、材质和数量等,材料的数量应当按照使用量和消耗量之和进行计价。

②消耗材料消耗量。

消耗材料的确定方法与主要材料消耗量的确定方法大致相同,投标人要根据需要,自主确定消耗材料的名称、规格、型号、材质和数量。

③部分周转性材料摊销量。

周转性材料是指在工程施工过程中,作为手段措施没有构成工程实体,其实物形态也没有改变,但其价值却被分批逐步地消耗掉的材料。周转性材料被消耗掉的价值,应当摊销在相应清单项目的材料费中(除计入措施费的周转性材料的之外)。摊销的比例应当根据材料价值、磨损程度、可被利用的次数以及投标策略等因素进行确定。

④低值易耗品。

低值易耗品是指在施工过程中,使用年限在规定时间以内,单位价值在规定金额以内的工、器具。它们的计价办法是:概预算定额中将其费用摊销在具体的定额子目当中;在工程量清单"动态计价模式"中,要以费用不能重复计算,并能增强企业投标的竞争力为原则,既可以按照概预算定额的模式处理,也可以放在其他费用中处理。

2)材料单价的确定。

建筑安装工程的材料价格是指材料运抵现场材料仓库或者堆放点后的出库价格。

材料价格涉及的因素主要有以下几方面:

①材料原价,即市场采购价格。取得材料市场价格的途径一般有市场调查(询价),以及查询市场材料价格信息指导。对于大批量或者高价格的材料一般采用市场调查的方法取得价格;而对于小批量、低价值的材料和消耗性材料等,一般可采用工程当地的市场价格信息指导中的价格。

市场调查应做到根据投标人所需材料的品种、规格、数量和质量要求,了解市场材料对工程材料满足的程度。

②业主供货和承包商供货是材料的供货方式和供货渠道的两种。对于业主供货的材料,招标书中应列有业主供货材料单价表,投标人在利用招标人提供的材料价格报价时,应当考虑现场交货的材料运费,还要考虑材料的保管费。承包商供货的渠道一般有当地供货、指定厂家供货、异地供货和国外供货等方式。供货方式和供货渠道的不同,对材料价格的影响也是不同的,这主要反映在采购保管费、运输费、风险以及其他费用等方面。

③包装费。材料的包装费包括出厂时的一次包装费用和运输过程中的二次包装费用,应当根据材料采用的包装方式计价。

④采购保管费用。材料的采购保管费用是指为组织采购、供应和保管材料过程中所需要的各项费用。采购的方式、批次、数量,以及材料保管的方式及天数的不同,也会使费用随之不同。采购保管费包括采购费、仓储费、工地保管费和仓储损耗。

⑤运输费用。材料的运输费用是指材料自采购地至施工现场全过程、全路途发生的装卸、运输费用的总和。运输费用中包括材料在运输装卸过程中不可避免的运输损耗费。

⑥材料的检验试验费用。材料的检验试验费用是指对建筑材料、构建和建筑安装物进行一般鉴定、检查所发生的费用,其中包括自设实验室进行试验所耗用的材料和化学药品等费用。但不包括新结构、新材料的试验费和建设单位对具有出厂合格证明的材料进行检验和对构件做破坏性试验以及其他特殊要求检验试验的费用。

⑦风险。风险主要是指材料价格的浮动。由于工程所用材料不可能在工程开工初期一次全部采购完毕,因此,随着时间的推移,市场的变化所造成材料价格的变动给承包商造成的材料费风险。

⑧其他费用。其他费用主要是指国外采购材料时发生的保险费、关税、港口费、港口手续费以及财务费用等。

根据影响材料价格的因素,可以得到材料单价的计算公式为

$$材料单价 = 材料原价 + 包装费 + 采购保管费用 + 运输费用 +$$
$$材料的检验试验费用 + 其他费用 + 风险 \qquad (7.12)$$

材料的消耗量和材料单价确定后,可以得到材料费用的计算公式为

$$材料费 = \sum (材料消耗量 \times 材料单价) \qquad (7.13)$$

(3)施工机械使用费的组成与计算

施工机械使用费是指使用施工机械作业所发生的机械使用费和机械安、拆及进出场费。施工机械不包括为管理人员配置的小车和用于通勤任务的车辆等,它们不参与施工生产的机械设备的台班费。

施工机械使用费的计算公式为

$$施工机械使用费 = \sum (工程施工中消耗的施工机械台班量 \times$$
$$机械台班综合单价) + 施工机械进出场费及安拆费(不包括大型机械) \qquad (7.14)$$

1)机械台班单价费用组成。

①折旧费。折旧费是指施工机械在规定的使用年限内,陆续收回其原值及购置资金的时间价值。

②大修理费。大修理费是指施工机械按照规定的大修理间隔台班进行必要的大修

理,以恢复其正常功能所需要的费用。

③经常修理费。经常修理费是指施工机械除大修理之外的各级保养和临时故障排除所需要的费用。其中包括为故障机械正常运转所需替换设备与随机配备工具附具的摊销和维护费用,机械运转及日常保养所需润滑与擦拭的材料费用以及机械停止期间的维护和保养费用等。

④安拆费及场外运输费。安拆费是指施工机械在现场进行安装与拆卸所需要的人工、材料、机械和试运转费以及机械辅助设施的折旧、搭设和拆除等费用;场外运输费是指施工机械整体或者分体由停放地点运至施工现场或者由一施工地点运至另一施工地点的运输、装卸、辅助材料和架线等费用。

⑤机上人工费。机上人工费是指机上司机(司炉)和其他操作人员的工作日人工费以及上述人员在施工机械规定的年工作台班以外的人工费。

⑥燃料动力费。燃料动力费是指施工机械在运转作业中所消耗的固体燃料(煤、木炭)、液体燃料(汽油、柴油)和水、电等费用。

⑦其他费用。其他费用是指施工机械按照国家规定和有关部门规定应当缴纳的养路费、车船使用税、保险费以及年检费等。

2)合理确定施工机械的种类和消耗量。

编制施工组织设计和施工方案要根据承包工程的地理位置、自然气候条件的具体情况以及工程量、工期等因素,然后再根据施工组织设计和施工方案、机械利用率、概预算定额或者企业定额及相关文件等,确定施工机械的种类、型号、规格和消耗量。

①根据工程量,利用概预算定额或者企业定额,粗略地计算出施工机械的种类、型号、规格和消耗量;

②根据施工方案和其他有关资料对机械设备的种类、型号、规格进行筛选,确定本工程需配备的施工机械的具体明细项目;

③根据本企业的机械利用率指标,确定本工程中实际需要消耗的机械台班数量。

3)准确确定施工机械台班综合单价。

施工机械台班单价费用包括以下几部分:

①养路费、车船使用税、保险费及年检费都是个定值,是按照国家或者有关部门规定缴纳的。

②燃料动力费也是个定值,是机械台班动力消耗与动力单价的乘积。

③机上人工费的处理方法有以下两种:

a.将机上人工费计入直接人工费中;

b.将机上人工费计入相应施工机械的机械台班综合单价中。

机上人工费台班单价可以参照"人工工日单价"的计算方法进行确定。

④安拆费及场外运输费。施工机械的安装、拆除及场外运输可以编制专门的方案。根据方案计算费用,并以此进一步优化方案,优化后的方案也可作为施工方案的组成部分。

⑤折旧费和维修费。折旧费和维修费(包括大修理费和经常修理费)是两项随时间变化而变化的费用。一台施工机械如果折旧年限短,则折旧费用就高,但维修费用低;如果

折旧年限长,则折旧费用就低,但维修费用高。

所以降低机械台班单价,提高机械使用效率最有效、最直接的方法就是选择施工机械最经济的使用年限作为折旧年限。

确定了折旧年限后,再确定折旧方法,最后再计算台班折旧额和台班维修费。

确定了组成施工机械台班单价的各项费用额以后,机械台班单价也就随之确定了。

另外,根据国家及有关部门颁布的机械台班定额进行调整也可确定机械台班单价。

4)择优确定租赁机械台班费。

租赁机械台班费是指根据施工需要向其他企业或者租赁公司租用施工机械所发生的台班租赁费。

在投标工作的前期,应当进行市场调查,调查的内容应包括:租赁市场可供选择的施工机械种类、规格、型号、完好性、数量、价格水平,以及租赁单位的信誉度等,并通过比较选择拟租赁的施工机械的种类、规格、数量以及单位,并以施工机械台班租赁价格作为机械台班单价。一般除必须租赁的施工机械之外,其他租赁机械的台班租赁费应当低于本企业的机械台班单价。

5)优化平衡、确定机械台班综合单价。

通过综合分析,确定各类施工机械的来源及比例,以此计算机械台班综合单价。计算公式为

$$机械台班综合单价 = \sum(不同来源的同类机械台班单价 \times 权数) \qquad (7.15)$$

其中,权数的取定根据各不同来源渠道的机械占同类施工机械总量的比重。

6)大型机械设备使用费、进出场费及安拆费。

在传统的概预算定额中,施工机械使用费不包括大型机械设备使用费、进出场费及安拆费,其费用通常作为措施费用单独进行计算。但是在工程量清单计价模式下,它的处理方式与概预算定额的处理方式有所不同。大型机械设备的使用费作为机械台班使用费,按照相应分项工程项目分摊计入直接工程费的施工机械使用费中。大型机械设备进出场费及安拆费作为措施费用计入措施费用项目中。

2.管理费的组成及计算

(1)管理费的组成

管理费是指组织施工生产和经营管理所需要的费用。主要包括以下几方面:

1)工作人员的工资。工作人员包括管理人员和辅助服务人员。其工资包括基本工资、工资性补贴、职工福利费、职工教育经费、住房公积金、工会费用、劳动保护费、劳动保险费以及危险作业意外伤害保险费等。

2)办公费。办公费是指企业办公用的文具、纸张、账表、邮电、书报、会议、印刷、水、电,以及取暖等费用。

3)差旅交通费。差旅交通费是指企业管理人员因公出差和调动工作的差旅费、住勤补助费、市内交通费和误餐补助费、探亲路费、劳动力招募费、离退休职工一次性路费、工伤人员就医路费、工地转移费,以及管理部门使用的交通工具的油料燃料费和养路费及牌照费。

4)固定资产使用费。固定资产使用费是指管理和试验部门以及附属生产单位使用的

属于固定资产的房屋、设备仪器的折旧、大修理、维修或租赁费。

5)工具用具使用费。工具用具使用费是指管理使用的不属于固定资产的生产工具、器具、家具、交通工具和检验、试验、测绘、消防用具等的购置、维修和摊销费。

6)保险费。保险费是指施工管理用财产、车辆保险费。

7)税金。税金是指企业按照规定缴纳的房产税、车船使用税、土地使用税和印花税等。

8)财务费用。财务费用是指企业为筹集资金而发生的各种费用,其中包括企业经营期间发生的短期贷款利息支出、调剂外汇手续费、汇总净损失、金融机构手续费以及企业筹集资金而发生的其他财务费用。

9)其他费用。其他费用包括技术转让费、技术开发费、业务招待费、广告费、绿化费、公证费、法律顾问费、审计费和咨询费等。

管理人员的多少在很大程度上决定着现场管理费的高低。管理人员的多少,不仅反映了管理水平的高低,影响管理费,而且还影响临设费用和调遣费用(如果招标书中无调遣费一项,这笔费用应该计入人工费单价中)。

由管理费开支的工作人员包括管理人员、辅助服务人员和现场保安人员。其中管理人员一般包括项目经理、施工队长、工程师、技术员、财会人员、预算人员和机械师等。辅助服务人员一般包括生活管理员、炊事员、医务人员、翻译人员、小车司机和勤杂人员等。

在投标初期就应严格控制管理人员和辅助服务人员的数量,以有效地控制管理费开支,降低管理费标准,增强企业的竞争力,同时还应合理确定其他管理费开支项目的水平。

(2)管理费的计算

管理费的计算主要有以下两种方法:

1)公式计算法。

利用公式计算管理费的方法是投标人经常采用的一种计算方法,比较简单。计算公式为

$$管理费 = 计算基数 \times 管理费率(\%) \qquad (7.16)$$

其中,管理费率的计算根据计算基数不同,可分为以下三种:

①以直接工程费为计算基础确定管理费率。

$$管理费率(\%) = [生产工人年平均管理费/(年有效施工天数 \times 人工单价)] \times$$
$$人工费占直接工程费比例(\%) \qquad (7.17)$$

或

$$管理费率(\%) = 生产工人年平均管理费/建安生产工人年均直接费 \times 100\% \qquad (7.18)$$

②以人工费为计算基础确定管理费率。

$$管理费率(\%) = 生产工人年平均管理费/年有效施工天数 \times 人工单价 \times 100\%$$
$$\qquad (7.19)$$

或

$$管理费率(\%) = 生产工人年平均管理费/[建安生产工人年均直接费 \times$$
$$人工费占直接工程费比例(\%)] \times 100\% \qquad (7.20)$$

③以人工费和机械费合计为计算基础确定管理费率。

管理费率(%) = 生产工人年平均管理费/[年有效施工天数 ×

(人工单价 + 每一工日机械使用费)] × 100%　　　　　(7.21)

以上公式中的基本数据应当通过以下途径来合理取定:

a.分子与分母的计算口径应当一致,即分子的生产工人年平均管理费是指每一个建筑安装生产工人年平均管理费,分母中的有效工作天数和建筑安装生产工人年均直接费也是指以每一个建筑安装生产工人的有效工作天数和每一个建筑安装生产工人年均直接费。

b.确定生产工人年均管理费应当按照工程管理费的划分,依据企业近年有代表性的工程会计报表中的管理费的实际支出,剔除不合理开支,分别进行综合平均,核定全员年均管理费开支额,然后再分别除以生产工人占职工平均人数的百分比,即可得到每一生产工人年均管理费开支额。

c.确定生产工人占职工平均人数的百分比应当按照计算基础、项目特征,充分考虑改进企业经营管理,减少非生产人员的措施来进行。

d.确定有效施工天数,在必要时可以按照不同工程、不同地区适当区别对待。在理论上,有效施工天数应该等于工期。

e.人工单价是指生产工人的综合工日单价。

f.确定人工费占直接工程费的百分比,应当按照专业划分,不同建筑安装工程人工费的比重不同,按加权平均计算确定。

另外,利用公式计算管理费时,管理费率可以按照国家或者有关部门以及工程所在地政府规定的相应管理费率进行调整确定。

2)费用分析法。

用费用分析法计算管理费是指根据管理费的构成,结合具体的工程项目,确定各项费用的发生额。计算公式为

管理费 = 管理人员及辅助服务人员的工资 + 办公费 + 差旅交通费 +

固定资产使用费 + 工具用具使用费 + 保险费 + 税金 + 财务费用 + 其他费用(7.22)

①基础数据的确定。

通过计算直接工程费和编制施工组织设计和施工方案取得的基础数据,应在计算管理费之前予以确定,其中包括:

a.生产工人的平均人数;

b.施工高峰期的生产工人人数;

c.管理人员及辅助服务人员的总数;

d.施工现场职工的平均人数;

e.施工高峰期施工现场的职工人数;

f.施工工期。

其中,管理人员及辅助服务人员的总数,应当根据工程规模、工程特点、生产工人人数、施工机具的配置和数量,以及企业的管理水平进行确定。

②管理人员及辅助服务人员的工资。计算公式为

管理人员及辅助服务人员数 × 综合人工工日单价 × 工期(日)　　　(7.23)

其中,综合人工工日单价可以采用直接费中的生产工人的综合工日单价,也可以参照其计算方法另行确定。

③办公费。

办公费应当用每名管理人员每月办公费消耗标准乘以管理人员人数,再乘以施工工期(月)。管理人员每月办公费消耗标准可以从以往完成的施工项目的财务报表中分析取得。

④差旅交通费。

a.因公出差、调动工作的差旅费和住勤补助费、市内交通费和误餐补助费、探亲路费、劳动力招募费、离退休职工一次性路费、工伤人员就医路费、工地转移费的计算都可以按照"办公费"的计算方法确定。

b.管理部门使用的交通工具的油料燃料费和养路费及牌照费。计算公式为

$$油料燃料费 = 机械台班动力消耗 \times 动力单价 \times 工期(天) \times 综合利用率(\%) \qquad (7.24)$$

养路费及牌照费按当地政府规定的月收费标准乘以施工工期(月)计算。

⑤固定资产使用费。

根据固定资产的性质、来源、资产原值、新旧程度,以及工程结束后的处理方式确定。

⑥工具用具使用费。

计算公式为

$$工具用具使用费 = 年人均使用额 \times 施工现场平均人数 \times 工期(年) \qquad (7.25)$$

工具用具年人均使用额可以从以往完成的施工项目的财务报表中分析取得。

⑦保险费。

通过保险咨询来确定施工期间要投保的施工管理用财产和车辆应缴纳的保险费用。

⑧税金。

税金是指企业按照规定缴纳的房产税、车船使用税、土地使用税和印花税等。税金的计算可以根据国家规定的有关税种和税率逐项进行,也可以根据以往工程的财务数据推算取得。

⑨财务费用。

财务费用是指企业为筹集资金而发生的各种费用,其中包括企业经营期间发生的短期贷款利息支出、调剂外汇手续费、汇总净损失、金融机构手续费,以及企业筹集资金而发生的其他财务费用。计算公式为

$$财务费 = 计算基数 \times 财务费费率(\%) \qquad (7.26)$$

财务费费率应根据以下公式计算:

a.以直接工程费为计算基础。

$$财务费费率(\%) = \frac{年均存贷款利息净支出 + 年均其他财务费用}{全年产值 \times 直接工程费占总造价比例(\%)} \qquad (7.27)$$

b.以人工费为计算基础。

$$财务费费率(\%) = \frac{年均存贷款利息净支出 + 年均其他财务费用}{全年产值 \times 人工费占总造价比例(\%)} \qquad (7.28)$$

c.以人工费和机械费合计为计算基础。

$$财务费费率(\%) = \frac{年均存贷款利息净支出 + 年均其他财务费用}{全年产值 \times 人工费和机械费之和占总造价比例} \qquad (7.29)$$

另外,财务费用还可以从以往的财务报表及工程资料中,通过分析平衡估算取得。

⑩其他费用。

其他费用可以根据以往工程的经验进行估算。

管理费对不同的工程,不同的施工单位都是不一样的,这样可以使不同的投标单位具有不同的竞争实力。

3.利润的组成及计算

利润是指施工企业完成所承包工程应收回的酬金。理论上讲,企业全部劳动成员的劳动,除因支付劳动力按劳动力价格所得的报酬之外,还创造了一部分新增的价值,这部分价值凝固在工程产品之中,其价格形态就是企业的利润。

在工程量清单计价模式下,利润并不单独体现,而是被分别计入分部分项工程费、措施项目费和其他项目费当中。具体计算方法可以用"人工费"或者"人工费 + 机械费"或者"直接费"为基础乘以利润率。计算公式为

$$利润 = 计算基础 \times 利润率(\%) \tag{7.30}$$

合理确定利润水平(利润率)对企业的生存和发展是至关重要的。在投标报价时,要根据企业的实力、投标策略,以发展的眼光来确定各种费用水平,其中包括利润水平,使本企业的投标报价具有竞争力,同时又能保证其他各方面利益的实现。

4.分部分项工程量清单综合单价的计算

分部分项工程量清单综合单价由上述五部分费用组成。其项目内容包括清单项目主项和主项所综合的工程内容。按上述五项费用分别对项目内容进行计价,合计后形成分部分项工程量清单综合单价。分部分项工程量清单、综合单价表和清单计价表的示例分别见表 7.29 ~ 7.31。

表 7.29　分部分项工程量清单

工程名称:　　　　　　　　　　　　　　　　　　　　　　　　　　　　　第　页　共　页

序号	清单编号	项目名称	计量单位	工程数量
1	010101002001	人工挖土方 三类土 人工挖土方 人工装汽车运土方5 km	m³	1 848

表 7.30　分部分项工程量清单综合单价计算表

工程名称:　　　　　　　　　　　　　　　　　　　　　　　　　　　　　第　页　共　页

序号	项目编号	项目名称	计量单位	工程数量	单　　价					
					人工费	材料费	机械费	管理费	利润	综合单价
1	010101002001	人工挖土方 三类土 人工挖土方 人工装汽车运土方 5 km 合计	m³ m³ m³	1.1 1.1 1	7.30 4.49 11.79		22.68 22.68	4.92 3.02 7.94	1.49 0.92 2.41	13.71 31.11 44.82

表 7.31　分部分项工程量清单计价表

工程名称：　　　　　　　　　　　　　　　　　　　　　　　　　　　　　第　页　共　页

序号	项目编号	项目名称	计量单位	工程数量	金额/元	
					综合单价	合计
1	010101002001	人工挖土方 三类土 人工挖土方 人工装汽车运土方 5 km	m^3	1 848	44.82	82 827.36

　　分部分项工程量清单计价，要对清单表内的所有内容计价，形成综合单价，对于清单表已经列项，但未进行计价的内容，招标人有权认为此价格已经包含在其他项目内。

7.1.6　措施项目费的计算

　　措施费用是指工程量清单中，除工程量清单项目费用之外，为保证工程顺利进行，按照国家现行有关建设工程施工及验收规范、规程要求，必须配套完成的工程内容所需要的费用。

　　措施费用一般包括表 7.32 所列的内容。

表 7.32　措施项目一览表

序号	项 目 名 称
1 通用项目	
1.1	环境保护
1.2	文明施工
1.3	安全施工
1.4	临时设施
1.5	夜间施工
1.6	二次搬运
1.7	大型机械设备进出场及安拆 *
1.8	混凝土、钢筋混凝土模板及支架
1.9	脚手架
1.10	已完工程及设备保护
1.11	施工排水、降水
2 建筑工程	
2.1	垂直运输机械

续表 7.32

序号	项 目 名 称
3 装饰装修工程	
3.1	垂直运输机械
3.2	室内空气污染测试
4 安装工程	
4.1	组装平台
4.2	设备、管道施工的安全、防冻和焊接保护措施＊
4.3	压力容器和高压管道的检测＊
4.4	焦炉施工大棚＊
4.5	焦炉烘炉、热态工程＊
4.6	管道安装后的充气保护措施＊
4.7	隧道内施工的通风、供水、供气、供电、照明及通讯设施
4.8	现场施工围栏
4.9	长输管道临时水工保护设施
4.10	长输管道施工便道
4.11	长输管道跨越或穿越施工措施
4.12	长输管道地下穿越地上建筑物的保护措施
4.13	长输管道工程施工队伍调遣
4.14	格架式抱杆
5 市政工程	
5.1	围堰
5.2	筑捣
5.3	现场施工围栏
5.4	便道
5.5	便桥
5.6	洞内施工的通风、供水、供气、供电、照明及通讯设施
5.7	驳岸块石清理

1. 实体措施费的计算

实体措施费是指工程量清单中,为保证某类工程实体项目顺利进行,按照国家现行有关建设工程施工及验收规范、规程要求,必须配套完成的工程内容所需要的费用。实体措施项目见表 7.32 中加"＊"的项目。

实体措施费计算方法有以下两种:

(1)系数计算法

系数计算法是用与措施项目有直接关系的工程项目的直接工程费(或者人工费,或者人工费与机械费之和)合计作为计算基数,再乘以实体措施费用系数计算的。

其中,实体措施费用系数是根据以往有代表性工程的资料,通过分析计算所取得的。

(2)方案分析法

方案分析法是通过编制具体的措施实施方案,对方案所涉及的各种经济技术参数进行计算之后,再确定实体措施费用。

2.配套措施费的计算

配套措施费不是某类实体项目,而是为保证整个工程项目顺利进行,按照国家现行有关建设工程施工及验收规范、规程要求,必须配套完成的工程内容所需要的费用。

配套措施费计算方法和实体措施费一样,也分为系数计算法和方案分析法两种:

(1)系数计算法

系数计算法是用整体工程项目直接工程费(或者人工费,或者人工费与机械费之和)合计作为计算基数,再乘以配套措施费用系数计算的。其中,配套措施费用系数是根据以往有代表性工程的资料,通过分析计算所取得的。

(2)方案分析法

方案分析法是指通过编制具体的措施实施方案,对方案所涉及的各种经济技术参数进行计算之后,再确定配套措施费用。

7.1.7　其他项目费的计算

其他项目费是指预留金、材料购置费(这里仅指由招标人购置的材料费)、总承包服务费和零星工作项目费等估算金额的总和。其中包括人工费、材料费、机械使用费、管理费、利润和风险费。

其他项目清单由招标人和投标人两部分内容组成,见表 7.33。

表 7.33　其他项目清单计价表

工程名称：　　　　　　　　　　　　　　　　　　　　　　　第　页　共　页

序号	项目名称	金额/元
1	招标人部分	
1.1	预留金	
1.2	材料购置费	
1.3	其他	
	小计	
2	投标人部分	
2.1	总包服务费	
2.2	零星工作费	
2.3	其他	
	小计	
	合计	

1.招标人部分

(1)预留金

这里主要考虑可能发生的工程量变化和费用增加而预留的金额。引起工程量变化和费用增加的原因有很多,一般主要有以下几方面:

1)由于清单编制人员在统计工程量及变更工程量清单时发生的漏算、错算等引起的工程量增加。

2)由于设计深度不够、设计质量偏低引起的设计变更而造成的工程量增加。

3)在现场施工过程中,应业主要求,并由设计或者监理工程师出具的工程变更增加的工程量。

4)其他原因引起的,并且应当由业主承担的费用增加,例如风险费用和索赔费用。

这里所说的工程量的变更主要是指工程量清单漏项或者有误引起的工程量的增加和施工中的设计变更引起的标准提高或者工程量的增加等。

预留金是由清单编制人根据业主意图和拟建工程实况计算出金额并填制表格的。其计算应当根据设计文件的深度、设计质量的高低、拟建工程的成熟程度以及工程风险的性质来确定其额度。对设计深度深,设计质量高,已经成熟的工程设计,一般预留工程总造价的 3% ~ 5%。对在初步设计阶段,不成熟的工程设计,最少要预留工程总造价的 10% ~ 15%。

预留金作为工程造价费用的组成部分计入工程造价,但预留金的支付与否、支付额度以及用途,都必须由监理工程师批准。

(2)材料购置费

材料购置费是指业主出于特殊目的或要求,对工程消耗的某类或某几类材料,在招标文件中规定,由招标人采购的拟建工程材料费。

(3)其他

其他是指招标人部分可增加的新列项。例如指定分包工程费,由于某分项工程或者单位工程专业性较强,必须由专业队伍施工,即可增加这项费用,费用金额应当通过向专业队伍询价(或招标)取得。

2.投标人部分

《建设工程工程量清单计价规范》(GB 50500—2008)中列举了两项内容,即总承包服务费和零星工作项目费。如果招标文件对承包商的工作范围还有其他要求,也应当对其要求列项。例如设备的厂外运输,设备的接、保、检,以及为业主代培技术工人等。

投标人部分的清单内容设置,除总承包服务费仅需简单列项之外,其余的内容应该量化的必须量化描述。例如设备厂外运输,需要标明设备的台数,每台的规格、重量和运距等。零星工作项目表要标明各类人工、材料和机械的消耗量,如表 7.34 所示。

表 7.34 零星工作项目表

工程名称:设备安装工程   第 页 共 页

序号	名称	计量单位	数量
1	人工	—	—
1.1	高级技术工人	工日	8.00
1.2	技术工人	工日	30.00
1.3	力工	工日	50.00
2	材料	—	—
2.1	电焊条 结 422	kg	10.00
2.2	管材	kg	10.00
2.3	型材	kg	30.00
3	机械	—	—
3.1	270 t 履带吊	台班	3.00
3.2	150 t 轮胎吊	台班	5.00
3.3	80 t 汽车吊	台班	1.00

零星工作项目中的工料机计量,要根据工程的复杂程度、工程设计质量的优劣,以及工程项目设计的成熟度等因素来确定。一般工程以人工计量为基础,按照人工消耗总量的1%取值。材料消耗主要是指辅助材料的消耗,按照不同专业工人消耗材料类别列项,按照工人日消耗量计入。机械列项和计量,除考虑人工因素之外,还要参考各单位工程机械消耗的种类,可以按照机械消耗总量的1%取值。

7.1.8 规费的计算

1.规费

规费是指政府和有关部门规定的必须缴纳的费用,其中主要包括:

(1)工程排污费。工程排污费是指施工现场按照规定缴纳的排污费用。

(2)工程定额测定费。工程定额测定费是指按照规定支付工程造价(定额)管理部门的定额测定费。

(3)养老保险统筹基金。养老保险统筹基金是指企业按照规定向社会保障主管部门缴纳的职工基本养老保险(社会统筹部分)。

(4)待业保险费。待业保险费是指企业按照国家规定缴纳的待业保险金。

(5)医疗保险费。医疗保险费是指企业按照规定向社会保障主管部门缴纳的职工基本医疗保险费。

2.规费费率

根据本地区典型工程承发包价的分析资料,综合取定规费计算中所需要的数据。

(1)每万元承发包价中人工费的含量和机械费的含量。

(2)人工费占直接工程费的比例。

(3)每万元承发包价中所含规费缴纳标准的各项基数。

规费费率的计算公式如下。

(1)以直接工程费为计算基础

$$规费费率(\%) = \frac{\sum 规费缴纳标准 \times 每万元发承包价计算基数}{每万元发承包价中的人工费含量} \times$$

$$人工费占直接费的比例(\%) \qquad (7.31)$$

(2)以人工费为计算基础

$$规费费率(\%) = \frac{\sum 规费缴纳标准 \times 每万元发承包价计算基数}{每万元发承包价中的人工费含量和机械费含量} \times 100\% \quad (7.32)$$

(3)以人工费和机械费合计为计算基础

$$规费费率(\%) = \frac{\sum 规费缴纳标准 \times 每万元发承包价计算基数}{每万元发承包价中的人工费含量} \times 100\% \quad (7.33)$$

规费费率一般应按照当地政府或者有关部门制定的费率标准执行。

3.规费计算

$$规费 = 计算基数 \times 规费费率(\%) \qquad (7.34)$$

投标人在投标报价时,规费的计算一般按照国家及有关部门规定的计算公式以及费率标准计算。

7.1.9　税金的计算

税金是指国家税法规定的应计入建筑安装工程造价内的营业税、城市维护建设税及教育费附加。

税金的计算公式为

$$税金 = (税前造价 + 利润) \times 税率(\%) \qquad (7.35)$$

税率按现行税法规定如下。

(1)纳税地点在市区的企业

$$税率(\%) = \frac{1}{1 - 3\% - (3\% \times 7\%) - (3\% \times 3\%)} - 1 = 3.14\% \qquad (7.36)$$

(2)纳税地点在县城、镇的企业

$$税率(\%) = \frac{1}{1 - 3\% - (3\% \times 5\%) - (3\% \times 3\%)} - 1 = 3.35\% \qquad (7.37)$$

(3)纳税地点不在市区、县城、镇的企业

$$税率(\%) = \frac{1}{1 - 3\% - (3\% \times 1\%) - (3\% \times 3\%)} - 1 = 3.22\% \qquad (7.38)$$

投标人在投标报价时,税金的计算一般按照国家及有关部门规定的计算公式以及税率标准计算。

7.2　工程量清单计价与定额计价的差别

7.2.1　现行定额的属性

我国的工程造价管理在长期以来实行的都是与计划经济相适应的概预算定额管理模式,并在很长一段时间内都起到过积极有效的作用。进入市场经济以后,现行定额暴露了在经济体制改革、对外经济开放与国际经济的接轨中的不适应性和滞后性,主要表现在以下几方面。

1.政府管理机构职能滞后

在实行计划经济的几十年中,现行定额标准的制定和执行,一直是一种政府职能管理的行为,即使是在中国参加 WTO 之后,定额模式在建设行业中仍然是运行主体,使概预算定额管理制度与市场发展的差距越来越大。

2.法定形式的工程价格构成限制承包人的优势

(1)在工程造价的价格形成过程中,政府通过"办法""规定"等文件实行政府管理职能,而作为建筑市场主体的与价格行为密切相关的发包人和承包人没有决策权和定价权,这影响了发包人投资的积极性,也取消了承包人生产经营的自主权。

(2)现行定额模式下的价格是由政府统一确定基准价,采用系数调整方法的静态价格管理方法管理动态变化的建筑市场,把实体消耗与措施消耗联系在一起;现行定额模式基于事先确定工程造价的需要,将应由承包人自行决定的施工方法、手段、技术装备、管理方法和水平等本属于竞争机制的活跃因素固定化了,这不利于发挥承包人的优势,也不利于降低工程造价,难以最终确定个体成本价。

3.政出多门导致国家缺乏统一的工程量计算规则

由于国家没有统一的工程量计算规则、计量单位、名称编码等,都是由各地区、各部门自行制定,这使得地区与地区之间、部门与部门之间、地区与部门之间产生许多矛盾,这样更难与国际通用规则相衔接,不适应对外开放和国际工程承包。

4.现行定额标准不利于《招标投标法》的经评审的最低投标价法中标

在招投标活动中招标报价及标底在招标文件中的要求是按照现行定额标准计算的,而《招标投标法》中已经明确规定标底可有可无,经评审后的最低投标价法中标。显而易见,用现行定额模式套定额取费的计价方法,并由此在竞标过程中而确定的标底和中准价与《招标投标法》中明确规定的低价法中标相矛盾,也不符合市场经济规律。

7.2.2　现行定额的用途与意义

随着市场经济的发展与经济体制改革的深入,现行定额日益暴露出与市场经济发展的不适应性和滞后性,但它在政府对工程造价的直接管理和调控过程中,仍然发挥出其应有的作用。

1.现行定额的本质

现行定额的本质是一种物化劳动和活劳动的消耗社会平均水平。由于"定额"包括工程量计算规则、社会平均消耗量单价和费用定额等内容。所以,现行定额在计划经济年代,是被强制执行的价格和消耗标准;在市场经济发展初期,仍然受由政府编制和发布的消耗量水平的信息制约。经过几十年实践的总结,其内容具有一定的科学性和实用性,而且它的存在本身就是一种活劳动的产物。

2.现行定额仍可作为工程量清单计价的基础

这里所说的与工程量清单计价有关系的"定额",仅指政府已经不再规定反映社会平均消耗量水平(标准),而仅可供企业作为工程量清单计价的过渡时期的重要参考标准。

3. 现行定额实行改革的手段

目前由政府编制、发布的消耗量水平,是在绝大多数企业还没有能力建立自己完整的消耗标准时的一种临时行为,在推行工程量清单及计价中,应当将这种政府行为视为一种推荐性的标准,再加上若干强制性条文,于是就形成了《建设工程工程量清单计价规范》(GB 50500—2008),这是现行定额实行改革的一种手段。

4. 完善现行定额改革的真正方向

建筑施工企业竞争的实质是劳动生产率的竞争,而劳动生产率高低的具体表现就是活劳动效率高和物化劳动的消耗标准低,它反映了一个企业的消耗量控制水平。而政府所规定的现行定额完成历史使命、完善现行定额改革的真正方向是企业应当建立自己的定额标准,使用自己的消耗量标准作为编制工程量清单的基础,编制出企业自己的消耗量水平标准,参与市场竞争。

7.2.3　工程量清单计价与定额计价的差别

1. 编制工程量的(人)单位不同

传统定额预算的计价办法是风景园林工程的工程量分别由招标单位和投标单位按图计算。而工程量清单计价则是工程量由具有编制能力的招标人或者受其委托,具有相应资质的工程造价咨询人统一进行计算,"工程量清单"是招标文件的重要组成部分,各投标单位根据招标人提供的"工程量清单",以及自身的技术装备、施工经验、企业成本、企业定额以及管理水平自主填写报单价。

2. 编制工程量清单时间不同

传统的定额预算计价法是在发出招标文件后才编制(招标与投标人同时编制或者投标人编制在前,招标人编制在后)的,而工程量清单报价法必须在发出招标文件前就进行编制。

3. 编制依据不同

传统的定额预算计价法依据的是图纸;人工、材料和机械台班消耗量依据的是建设行政主管部门颁发的预算定额;人工、材料和机械台班单价依据的是工程造价管理部门发布的价格信息。工程量清单报价法,是根据建设部第 107 号令规定,标底的编制是根据招标文件中的工程量清单和有关要求、施工现场的情况、合理的施工方法以及按照建设行政主管部门制定的有关工程造价计价办法进行编制的。企业的投标报价则是根据企业定额和市场价格信息,或者参照建设行政主管部门发布的社会平均消耗量定额进行编制的。

4. 表现形式不同

采用传统的定额预算计价法一般都是总价形式。而工程量清单报价法采用综合单价形式,综合单价包括人工费、材料费、机械使用费、管理费和利润,并考虑风险因素。工程量清单报价具有直观和单价相对固定的特点,工程量发生变化时,单价一般不作调整。

5.费用组成不同

传统预算定额计价法的工程造价是由直接工程费、措施费、间接费、利润和税金组成的。工程量清单计价法工程造价包括分部分项工程费、措施项目费、其他项目费、规费以及税金;其中包括完成每项工程包含的全部工程内容的费用;包完成每项工程内容所需要的费用(除规费、税金以外);还有工程量清单中未体现的,但施工中又必须发生的工程内容所需要的费用,其中包括因风险因素而增加的费用。

6.评标采用的方法不同

传统预算定额计价投标通常采用百分制评分法。采用工程量清单计价法投标,通常采用合理低报价中标法,既要对总价进行评分,也要对综合单价进行分析评分。

7.项目编码不同

采用传统的预算定额项目编码,全国各省市采用不同的定额子目。采用工程量清单计价全国实行统一编码,项目编码采用 12 位阿拉伯数字表示。1 到 9 位为统一编码,其中,1、2 位为附录顺序码,3、4 位为专业工程顺序码,5、6 位为分部工程顺序码,7、8、9 位为分项工程项目名称顺序码,10、11、12 位为清单项目名称顺序码。前 9 位码不能变动,后 3 位码由清单编制人根据项目设置的清单项目编制,且同一招标工程的项目编码不得有重码。

8.合同价调整方式不同

传统的定额预算计价合同价调整方式包括变更签证、定额解释以及政策性调整。索赔是工程量清单计价法合同价的主要调整方式。工程量清单的综合单价通常通过招标中报价的形式体现,一旦中标,报价就作为签订施工合同的依据相对固定下来,工程结算按照承包商实际完成的工程量乘以清单中相应的单价进行计算,减少了调整空间。采用传统的预算定额经常会有定额解释以及定额规定,结算中又有政策性文件调整。而工程量清单计价单价不能随意调整。

9.工程量计算时间前置

工程量清单是由招标人在招标前编制的。业主也可能为了缩短建设周期,常在初步设计完成后就开始施工招标,在不影响施工进度的前提下陆续发放施工图纸,所以,承包商据以报价的工程量清单中的各项工作内容下的工程量一般都为概算工程量。

10.投标工程量计算口径达到了统一

由于各投标单位都根据统一的工程量清单报价,达到了投标工程量计算口径统。而不再是传统预算定额招标,各投标单位各自计算其工程量,各投标单位计算的工程量均不一致。

11.索赔事件增加

由于承包商对工程量清单单价包含的工作内容一目了然,所以,凡建设方不按照清单内容施工,任意要求修改清单的,都是会增加施工索赔的因素。

7.2.4 《清单计价规范》与现行定额的衔接

《建设工程工程量清单计价规范》(GB 50500—2008)的全面实施,是一个逐步推广的过程。它需要工程量清单与现行定额有一个充分的衔接空间,所以,掌握好此空间,是工程造价研究机构所面临的现实问题。

1.建立工程量清单与现行定额共性的衔接平台

"工程量清单"与现行定额有以下共性:

(1)项目编码与项目名称与全国基础定额相关联。

(2)计量单位名称大多数都是一致的,只有一小部分不同或者需要补充。

(3)工程量计算规则一部分与定额计算规则相同,不同的部分则是根据新项目名称,结合设计图纸的要求而增设的。

(4)结合项目名称的特征描述以及工作内容的概括,这些项目和定额中的子目绝大部分都是相对应的。

综上所述,分部分项工程量清单的某一项目实际上就是原来定额中相关联或者相关工序定额子目的组合。

根据两者的共性,可以把清单项目作为一个平台与原来的定额内容进行衔接。原来的定额有分部分项的,分部分项下面就是定额子目;而现在在分部分项和定额子目之间又增加了一项内容,即"清单项目"。项目名称在设立上形成了三个层次:一级是分部分项,二级是清单项目,三级是定额子目。"清单项目"作为一个衔接平台,将《建设工程工程量清单计价规范》(GB 50500—2008)与现行定额有机地衔接起来,在项目名称设立的基础工作的空间上分为三个层次。

2.建立衔接平台的操作步骤与作用

(1)根据某清单项目的特征以及工作内容,可以找到相应的若干定额子目。大部分的子目组合之后与清单项目应该完全一致,若不完全一致,则应根据清单项目进行调整。

(2)对于两者的工程量计算规则,可以设定以下几条原则

1)以清单项目计算规则为准,完全相同的保留。

2)存在差别但没有矛盾的,可以在各自的规则平台上分别进行,即几个子目仍然使用原规则,最后并入项目规则。

3)如果有矛盾并将导致结果不同的,则修改定额计算规则,以符合清单要求。

(3)解决计量单位问题。实际上,真正计量单位不同的只是少数,应当依照清单进行调整。大多数其实不是计量单位不同,而是被组合子目有各自的计量单位,可以依次使用。而清单项目则应该是一个新的计量单位,子目组合完毕后再归入这个新计量单位中。

(4)衔接中的注意事项有以下几点

1)工程造价管理部门可以首先考虑把清单项目作为定额子目的上一级规则平台,然后再根据这一级的要求,调整定额子目工程量计算规则和计量单位。

2)清单报价的编制人可以先编制一个几条子目的小预算,然后当这个小预算完成后,得出汇总价格,再按照清单项目的计量单位计算就可得到综合单价。

7.3　《建设工程工程量清单计价规范》(GB 50500—2008)介绍

7.3.1　《建设工程工程量清单计价规范》(GB 50500—2008)编制的指导思想和原则

为了全面推行工程量清单计价政策,2003 年 2 月 17 日,建设部以第 119 号公告批准发布了国家标准《建设工程工程量清单计价规范》(GB 50500—2003),自 2003 年 7 月 1 日起实施。《建设工程工程量清单计价规范》(GB 50500—2003)的实施,是我国工程造价管理政策的一项重大措施,使我国工程造价从传统的以预算定额为主的计价方式向国际上通行的工程量清单计价模式转变,在工程建设领域受到了广泛的关注和积极的响应。《建设工程工程量清单计价规范》(GB 50500—2003)实施以来,在各地和有关部门的工程建设中得到了有效推行,积累了宝贵的经验,取得了丰硕的成果。但在执行过程中,也反映出一些不足之处。因此,原建设部标准定额司从 2006 年开始,组织有关单位和专家对《建设工程工程量清单计价规范》(GB 50500—2003)的正文部分进行修订,以完善工程量清单计价工作。

编制组于 2006 年 8 月完成了初稿,印发了"关于征求《建设工程工程量清单计价规范》(局部修订)意见的通知"(建标造[2006]49 号),之后共收到 23 个省市、部门及专家的反馈意见 330 条。2006 年底,编制组组织专家对反馈意见做了认真分析和论证后,完成了送审稿。

2008 年 7 月 9 日,历经两年多的起草、论证和多次修改,住房和城乡建设部以第 63 号公告,发布了《建设工程工程量清单计价规范》(GB 50500—2008),从 2008 年 12 月 1 日起实施。《建设工程工程量清单计价规范》(GB 50500—2008)的出台,对巩固工程量清单计价改革的成果,以及进一步规范工程量清单计价行为都具有十分重要的意义。

7.3.2　《建设工程工程量清单计价规范》(GB 50500—2008)内容简介

《建设工程工程量清单计价规范》(GB 50500—2008)总结了《建设工程工程量清单计价规范》(GB 50500—2003)实施以来的经验,并针对执行中存在的问题,对《建设工程工程量清单计价规范》(GB 50500—2003)进行了补充修改和完善。

《建设工程工程量清单计价规范》(GB 50500—2008)的内容涵盖了工程施工阶段从招投标开始到工程竣工结算办理的全过程,并增加了条文说明。包括工程量清单的编制;招标控制价和投标报价的编制;工程发包和承包合同签订时对合同价款的约定;施工过程中工程量的计量与价款支付;索赔与现场签证;工程价款的调整;工程竣工后竣工结算的办理以及工程计价争议的处理等内容。

将《建设工程工程量清单计价规范》(GB 50500—2003)附录 A、B、C、D、E、F 的项目定义为实体项目,并将《建设工程工程量清单计价规范》(GB 50500—2003)表 3.3.1 列项的专业工程措施项目列入附录,定义为措施项目。

对《建设工程工程量清单计价规范》(GB 50500—2003)附录中反映较大的工程实体项目的计量单位作了增加,并相应调整了工程量计算规则。

对《建设工程工程量清单计价规范》(GB 50500—2003)中反映较大的项目及特征描述作了修改。

(1)表 A.3.1 砖基础(编码:010301)和表 A.3.5 石砌体中 010305001 石基础"项目特征"栏删去"1 垫层材料种类、厚度","工程内容"栏删去"2 铺设垫层"。实质取消了垫层与砖基础合并计量,垫层另按相关项目单列。

(2)表 A.4.1 现浇混凝土基础(编码:010401)"项目特征"栏删去"1 垫层材料种类、厚度","工程内容"栏删去"1 铺设垫层"。

在本节增补了 010401006"垫层"这一现浇混凝土项目。

第8章　风景园林工程工程量清单计价编制与示例

8.1　概　述

8.1.1　风景园林工程工程量清单计价编制的内容及适用范围

1.项目内容

风景园林工程清单项目内容包括绿化工程,园路、园桥、假山工程和园林景观工程,共3章12节87个项目。

2.适用范围

风景园林工程清单项目适用于采用工程量清单计价的公园、小区、道路等风景园林工程。

8.1.2　章、节、项目的设置原则

(1)《建设工程工程量清单计价规范》(GB 50500—2008)附录 E 清单项目与建设部(88)建标字第 451 号文颁发的《仿古建筑及园林工程预算定额》中园林绿化工程项目设置进行适当的对应衔接。

(2)《建设工程工程量清单计价规范》(GB 50500—2008)附录 E 清单项目把《仿古建筑及园林工程预算定额》第六章的节进行新项目的补充并且划分为章。

(3)《建设工程工程量清单计价规范》(GB 50500—2008)附录 E 清单项目的"节"把《仿古建筑及园林工程预算定额》适当划细变为节。例如原绿化工程分为绿地整理、栽植花木和绿地喷灌 3 节。

(4)《建设工程工程量清单计价规范》(GB 50500—2008)附录 E 清单项目"子目"的设置,在《仿古建筑及园林工程预算定额》基础上增加了以下内容:屋顶花园基底处理、喷播植草、喷灌设施、树池围牙盖板、嵌草砖铺装、木桥、石桥、原木桩驳岸、原木构件、竹构件、树皮屋面、竹屋面、斜屋面、亭屋面、穿顶、金属花架、竹制飞来椅、木制飞来椅、钢筋混凝土飞来椅、石桌、石凳、金属座椅、塑料铁艺座椅、喷泉设施等项目。

8.1.3　有关问题的说明

1.附录之间的衔接

《建设工程工程量清单计价规范》(GB 50500—2008)附录 E 清单项目中未列项的清单项目,例如亭、台、楼、阁,长廊的柱、梁、墙、喷泉的水池等可以按照《建设工程工程量清单

计价规范》(GB 50500—2008)附录 A 相关项目编码列项,混凝土花架、桌凳等的饰面可以按照《建设工程工程量清单计价规范》(GB 50500—2008)附录 B 相关项目编码列项。

2.《建设工程工程量清单计价规范》(GB 50500—2008)附录 E 共性问题的说明

(1)《建设工程工程量清单计价规范》(GB 50500—2008)附录 E 清单项目所需要的模板费用和需搭设脚手架的费用,应当列在工程量清单措施项目费内。

(2)《建设工程工程量清单计价规范》(GB 50500—2008)附录 E 中未列钢筋制作、安装清单项目,发生时应当按照《建设工程工程量清单计价规范》(GB 50500—2008)附录 A 相关项目编码列项。

(3)《建设工程工程量清单计价规范》(GB 50500—2008)附录 E 未单独列项的平整场地、挖土、凿石和基础等清单项目,发生时应当按照《建设工程工程量清单计价规范》(GB 50500—2008)附录 A 相关项目编码列项,清单项目中已包括挖土、凿石和基础的,则不应再单独列项。

3.计量单位及工程量计算规则

(1)表 E.1.1 绿地整理中 050101003 挖竹根,项目特征栏将"丛高"修改为"根盘直径"。

(2)表 E.1.1 绿地整理中 050101001、050101002 和 050101003,工程量计算规则将"按估算数量计算"修改为"按数量计算"。

(3)表 E.1.1 绿地整理中 050101004 和 050101005,工程量计算规则将"按估算面积计算"修改为"按面积计算"。

(4)表 E.1.2 栽植花木中 050102005 栽植绿篱项目。计量单位增加"m²";列为"m/m²",工程量计算规则相应调整为"按设计图示以长度或面积计算"。

(5)表 E.1.2 栽植花木中 050102017 栽植花卉项目。计量单位增加"m²";列为"株/m²",工程量计算规则相应调整为"按设计图示以数量或面积计算"。

(6)表 E.1.2 栽植花木中 050102008 栽植水生植物项目。计量单位增加"m²";列为"丛/m²",工程量计算规则相应调整为"按设计图示以数量或面积计算"。

(7)表 E.2.1 园路桥工程中 050201012 仰天石、地伏石项目。计量单位增加"m³";列为"m/m³",工程量计算规则相应调整为"按设计图示尺寸以长度或体积计算"。

(8)表 E.3.2 亭廊屋面中 050302004 和 050302005"现浇混凝土斜屋面板""现浇混凝土攒尖亭屋面板"项目的工程量计算规则修改为"按设计图示尺寸以体积计算。混凝土屋脊、椽子、角梁、扒梁均并入屋面体积内",明确了椽子、角梁、扒梁的工程量计算。

8.1.4 表现形式

清单项目划分和设置是用表格形式来表达的,共分 6 列。

(1)第一列是项目编码。项目编码共 5 级 12 位编码,前 4 级 9 位编码是统一的,第 5 级 3 位码根据拟建工程的工程量清单项目名称设置。

项目编码第 1、2 位为工程序号,01 为建筑工程,02 为装饰装修工程,03 为安装工程,04 为市政工程,05 为园林绿化工程,06 为矿山工程。第 3、4 位为分部工程序号。第 5、6

位为子分部工程序号,第 7、8、9 位为分项工程序号。第 10 至 12 位应当根据拟建工程的工程量清单项目名称设置,同一招标工程的项目编码不得有重码。

例如项目编码为 050101002 表示园林绿化工程(05)、绿化工程(01)、绿地整理(01)、砍挖灌木丛(002)。

(2)第二列是项目名称。项目名称是以形成工程实体的名称来命名的。

(3)第三列是项目特征。项目特征是相对于同一清单项目名称,影响这个清单项目价格的主要因素的提示,按特征不同的组合由清单编制者自行编排第 5 级编码。

如绿化工程第一节 E.1.1 绿地整理中的项目,见表 8.1。

表 8.1　绿地整理项目

工程名称:

项目编码	项目名称	项目特征	计量单位	工程量计算规则	工程内容
050101002	砍挖灌木丛	丛高	株(株丛)	按数量计算	1.灌木砍挖 2.废弃物运输 3.场地整理

(4)第四列是计量单位。计量单位是按照第五列工程量计算规则计算的工程量的基本单位列出的。

(5)第五列是工程量计算规则。工程量计算规则是按照形成工程实物的净量的计算规定的。规定的目的是要使工程各方当事人对同一工程设计图纸的工程量进行计算,结果其量是一致的,避免由此而引出的歧义。

本处确定的工程量计算规则大多与过去的预算定额中的工程量计算规则都是一致的,与过去预算定额中的计算规则不同的只占少数。例如桩基工程,过去预算定额是按立方米(m^3)来计算的,这次除板桩外都是按不同的断面规格以长度计算的;管网工程中的管道铺设工程量计算中不扣除井的内壁所占的长度。这些修改主要是吸取了市场上的习惯做法,使其计量更容易,更直观。

(6)第六列是工程内容。工程内容是提示完成这个清单项目可能发生的主要内容,是编制标底和报价时需考虑可能发生的主要工程内容的提示。

8.2　风景园林工程分部分项工程划分

风景园林工程共分为 3 个分部工程,即绿化工程,园路、园桥、假山工程和园林景观工程。其中,每个分部工程又分为若干个子分部工程;每个子分部工程中又分为若干个分项工程;并且每个分项工程都有一个项目编码。

风景园林工程的分部工程名称、子分部工程名称和分项工程名称见表 8.2,在分项工程工程量计算中应列出分项工程的项目编码。

表 8.2 风景园林工程分部分项工程名称

分部工程	子分部工程	分项工程
绿化工程	绿地整理	伐树、挖树根;砍挖灌木丛;挖竹根;挖芦苇根;清除草皮;整理绿化用地;屋顶花园基底处理
	栽植花木	栽植乔木;栽植竹类;栽植棕榈类;栽植灌木;栽植绿篱;栽植攀援植物;栽植色带;栽植花卉;栽植水生植物;铺种草皮;喷播植草
	绿地喷灌	喷灌设施
园路、园桥、假山工程	园路桥工程	园路;路牙铺设;树池围牙、盖板;嵌草砖铺装;石桥基础;石桥墩、石桥台;拱旋石制作、安装;石旋脸制作、安装;金钢墙砌筑;石桥面铺筑;石桥面檐板;仰天石、地伏石;石望柱;栏杆、扶手;栏板、撑鼓;木质步桥
	堆塑假山	堆筑土山丘;堆砌石假山;塑假山;石笋;点风景石;池石、盆景山;山石护角;山坡石台阶
	驳岸	石砌驳岸;原木桩驳岸;散铺砂卵石护岸(自然护岸)
园林景观工程	原木、竹构件	原木(带树皮)柱、梁、檩、椽,原木(带树皮)墙;树枝吊挂楣子;竹柱、梁、檩、椽;竹编墙;竹吊挂楣子
	亭廊屋面	草屋面;竹屋面;树皮屋面;现浇混凝土斜屋面板;现浇混凝土攒尖亭屋面板;就位预制混凝土攒尖亭屋面板;就位预制混凝土穿顶;彩色压型钢板(夹心板)攒尖亭屋面板;彩色压型钢板(夹心板)穿顶
	花架	现浇混凝土花架柱、梁;预制混凝土花架柱、梁;木花架柱、梁;金属花架柱、梁
	园林桌椅	木制飞来椅;钢筋混凝土飞来椅;竹制飞来椅;现浇混凝土桌凳;预制混凝土桌凳;石桌石凳;塑树根桌凳;塑树节椅;塑料、铁艺、金属椅
	喷泉安装	喷泉管道;喷泉电缆;水下艺术装饰灯具;电气控制柜
	杂项	石灯;塑仿石音响;塑树皮梁、柱;塑竹梁、柱;花坛铁艺栏杆;标志牌;石浮雕、石镌字;砖石砌小摆设(砌筑果皮箱、放置盆景的须弥座等)

8.3 绿化工程工程量计算

8.3.1 工程量清单项目设置及工程量计算规则的原则

1.绿化工程概况

绿化工程一共分3节19个项目,其中包括绿地整理、栽植苗木和绿地喷灌等工程项。

(1)整理绿化地

整理绿化地是指土石方的挖方、凿石、回填、运输、找平、找坡及耙细。

(2)伐树,挖树根,砍挖灌木林,挖竹根,挖芦苇根,除草项目

此项目包括砍、锯、挖、剔枝、截断、废弃物装、运、卸、集中堆放以及清理现场等全部工

序。

(3)屋顶花园基底处理项目

此项目包括铺设找平层、粘贴防水层、闭水试验、透水管、排水口埋设、填排水材料、过滤材料剪切、黏结,填轻质土,材料的水平和垂直运输等全部工序。

(4)栽植苗木项目

此项目包括起挖苗木、临时假植、苗木包装、装卸押运,回土填塘、挖穴假植、栽植、支撑、回土踏实、筑水围浇水、覆土保墒及养护等全部工序。

(5)喷播植草项目

此项目包括人工细整坡地、阴坡、草籽配制、洒黏结剂(丙烯酰胺、丙烯酸钾交链共聚物等)、保水剂(无毒高分子聚合物)、喷播草籽、铺覆盖物、钉固定钉、施肥浇水、养护及材料运输等全部工序。

(6)喷灌设施安装项目

此项目包括阀门井砌筑或浇筑、井盖安装、管道检查、清扫、切割、焊接(黏结)、套丝、调直和阀门、管件、喷头安装,感应电控装置安装,管道固筑,管道水压实验调试以及管沟回填等全部工序。

2.项目特征的说明

(1)屋顶高度是指室外地面至屋顶顶面的高度。

(2)屋顶花园基底处理的垂直运输方式包括人工、电梯或者采用井字架等垂直运输。

(3)苗木种类应当根据设计具体描述苗木的名称。

(4)喷灌设施项目防护材料的种类包括阀门井需要的防护材料(如防潮、防水材料)以及管道、管材、阀门的防护材料。

3.工程量计算规则的说明

(1)伐树、挖树根项目应当根据树干的胸径或者区分不同的胸径范围(如胸径 150 ~ 250 mm 等),以实际树木的株数计算。

(2)砍挖灌木丛项目应当根据灌木丛高或者区分不同的丛高范围(如丛高 800 ~ 1 200 mm 等),以实际灌木丛数计算。

(3)栽植乔木等项目应当根据胸径、株高、丛高或者区分不同的胸径、株高、丛高范围,以设计数量计算。

(4)喷灌设施项目工程量应当以不同的管径从供水主管接口处算至喷头各支管(不扣除阀门所占的长度,不计算喷头长度)的总长度计算。

4.工程内容的说明

(1)屋顶花园基底处理项目的材料运输包括水平运输和垂直运输。

(2)苗木栽植项目,例如苗木由市场购入,投标人不需计起挖苗木、临时假植、苗木包装、装卸押运以及回土填塘等的价值,而是以苗木购入价及相关费用进行报价。

8.3.2　工程量清单项目及计算规则的规定

1. 绿地整理(《建设工程工程量清单计价规范》(GB 50500—2008)附录 E.1.1)

工程量清单项目设置及工程量计算规则,应按表 8.3(表 E.1.1)的规定执行。

表 8.3　绿地整理(表 E.1.1)(编码:050101)

项目编码	项目名称	项目特征	计量单位	工程量计算规则	工程内容
050101001	伐树、挖树根	树干胸径	株	按数量计算	1.伐树、挖树根 2.废弃物运输 3.场地清理
050101002	砍挖灌木丛	丛高	株(株丛)	按数量计算	1.灌木砍挖 2.废弃物运输 3.场地清理
050101003	挖竹根	根盘直径	株(株丛)	按数量计算	1.砍挖竹根 2.废弃物运输 3.场地清理
050101004	挖芦苇根	丛高	m²	按面积计算	1.苇根砍挖 2.废弃物运输 3.场地清理
050101005	清除草皮	丛高	m²	按面积计算	1.除草 2.废弃物运输 3.场地清理
050101006	整理绿化用地	1.土壤类别 2.土质要求 3.取土运距 4.回填厚度 5.弃渣运距	m²	按设计图示尺寸以面积计算	1.排地表水 2.土方挖、运 3.耙细、过筛 4.回填 5.找平、找坡 6.拍实
050101007	屋顶花园基底处理	1.找平层厚度、砂浆种类、强度等级 2.防水层种类、做法 3.排水层厚度、材质 4.过滤层厚度、材质 5.回填轻质土厚度、种类 6.屋顶高度 7.垂直运输方式	m²	按设计图示尺寸以面积计算	1.抹找平层 2.防水层铺设 3.排水层铺设 4.过滤层铺设 5.填轻质土壤 6.运输

2.栽植花木(《建设工程工程量清单计价规范》(GB 50500—2008)附录 E.1.2)

工程量清单项目设置及工程量计算规则,应按表 8.4(表 E.1.2)的规定执行。

表 8.4　栽植花木(表 E.1.2)(编码:050102)

项目编码	项目名称	项目特征	计量单位	工程量计算规则	工程内容
050102001	栽植乔木	1.乔木种 2.乔木胸径 3.养护期	株(株丛)	按设计图示 数量计算	1.起挖 2.运输 3.栽植 4.支撑 5.草绳绕树干 6.养护
050102002	栽植竹类	1.竹种类 2.竹胸径 3.养护期	株(株丛)	按设计图示 数量计算	
050102003	栽植棕榈类	1.棕榈种类 2.株高 3.养护期	株	按设计图示 数量计算	
050102004	栽植灌木	1.灌木种类 2.冠丛高 3.养护期	株	按设计图示 数量计算	
050102005	栽植绿篱	1.绿篱种类 2.篱高 3.行数、株距 4.养护期	m/m²	按设计图示 以长度或 面积计算	
050102006	栽植攀缘植物	1.植物种类 2.养护期	株	按设计图示 数量计算	
050102007	栽植色带	1.苗木种类 2.苗木株高、株距 3.养护期	m²	按设计图示尺 寸以面积计算	
050102008	栽植花卉	1.花卉种类、株距 2.养护期	株/m²	按设计图示数量 或面积计算	
050102009	栽植水生植物	1.植物种类 2.养护期	丛/m²	按设计图示数量 或面积计算	
050102010	铺种草皮	1.草皮种类 2.铺种方式 3.养护期	m²	按设计图示尺 寸以面积计算	
050102011	喷播植草	1.草籽种类 2.养护期	m²	按设计图示尺 寸以面积计算	1.坡地细整 2.阴坡 3.草籽喷播 4.覆盖 5.养护

3.绿地喷灌(《建设工程工程量清单计价规范》(GB 50500—2008)附录 E.1.3)

工程量清单项目设置及工程量计算规则,应按表 8.5(表 E.1.3)的规定执行。

表 8.5　绿地喷灌(表 E.1.3)(编码:050103)

项目编码	项目名称	项目特征	计量单位	工程量计算规则	工程内容
050103001	喷灌设施	1.土石类 2.阀门井材料种类、规格 3.管道品种、规格、长度 4.管件、阀门、喷头品种、规格、数量 5.感应电控装置品种、规格、品牌 6.管道固定方式 7.防护材料种类 8.油漆品种、刷漆遍数	m	按设计图标尺寸以长度计算	1.挖土石方 2.阀门井砌筑 3.管道铺设 4.管道固筑 5.感应电控设施安装 6.水压试验 7.刷防护材料、油漆 8.回填

4.其他相关问题的处理(《建设工程工程量清单计价规范》(GB 50500—2008)附录 E.1.4)

其他相关问题,应按下列规定处理:

(1)挖土外运、借土回填、挖(凿)土(石)方应包括在相关项目内。

(2)苗木计量应符合下列规定:

1)胸径(或干径)应为地表面向上 1.2 m 高处树干的直径。

2)株高应为地表面至树顶端的高度。

3)冠丛高应为地表面至乔(灌)木顶端的高度。

4)篱高应为地表面至绿篱顶端的高度。

5)生长期应为苗木种植至起苗的时间

6)养护期应为招标文件中要求苗木栽植后承包人负责养护的时间。

8.3.3　工程量清单编制与计价示例

【示例 8.1】　某公园绿地,共栽植广玉兰 38 株(胸径 7 ~ 8 cm),旱柳 83 株(胸径 9 ~ 10 cm)。试计算工程量,并填写分部分项工程量清单与计价表和工程量清单综合单价分析表。

【解】　根据施工图计算可知:

广玉兰(胸径 7 ~ 8 cm),38 株,旱柳(胸径 9 ~ 10 cm),83 株,共 121 株

(1)广玉兰(胸径 7 ~ 8 cm),38 株

1)普坚土种植(胸径 7 ~ 8 cm)

①人工费/元:14.37 元/株 × 38 株 = 546.06

②材料费/元:5.99 元/株 × 38 株 = 227.62

③机械费/元:0.34 元/株 × 38 株 = 12.92

④合计:786.6 元

2)普坚土掘苗,胸径 10 cm 以内

①人工费/元:8.47 元/株 × 38 株 = 321.86

②材料费/元:0.17 元/株 × 38 株 = 6.46

③机械费/元:0.20 元/株 × 38 株 = 7.6

④合计:335.92 元

3)裸根乔木客土(100 × 70),胸径 7 ~ 10 cm

①人工费/元:3.76 元/株 × 38 株 = 142.88

②材料费/元:0.55 m^3/株 × 38 株 × 5 元/m^3 = 104.5

③机械费/元:0.07 元/株 × 38 株 = 2.66

④合计:250.04 元

4)场外运苗,胸径 10 cm 以内,38 株

①人工费/元:5.15 元/株 × 38 株 = 195.7

②材料费/元:0.24 元/株 × 38 株 = 9.12

③机械费/元:7.00 元/株 × 38 株 = 266

④合计:470.82 元

5)广玉兰(胸径 7 ~ 8 cm)

①材料费/元:76.5 元/株 × 38 株 = 2 907

②合计:2 907 元

小计

1)直接费小计:4 750.38 元,其中人工费:1 206.5 元

2)管理费/元:4 750.38 元 × 34% = 1 615.13

3)利润/元:4 750.38 元 × 8% = 380.03

4)小计/元:4 750.38 元 + 1 615.13 元 + 380.03 元 = 6 745.54

5)综合单价/(元·株$^{-1}$):6 745.54 元 ÷ 38 株 = 177.51

(2)旱柳(胸径 9 ~ 10 cm),83 株

1)普坚土种植(胸径 7 ~ 8 cm)

①人工费/元:14.37 元/株 × 83 株 = 1 192.71

②材料费/元:5.99 元/株 × 83 株 = 497.17

③机械费/元:0.34 元/株 × 83 株 = 28.22

④合计:1 718.1 元

2)普坚土掘苗,胸径 10 cm 以内

①人工费/元:8.47 元/株 × 83 株 = 703.01

②材料费/元:0.17 元/株 × 83 株 = 14.11

③机械费/元:0.20 元/株 × 83 株 = 16.6

④合计:733.72 元

3)裸根乔木客土(100 × 70),胸径 7 ~ 10 cm

①人工费/元:3.76 元/株 × 83 株 = 312.08

②材料费/元:0.55 m^3/株 × 83 株 × 5 元 = 228.25

③机械费/元:0.07 元/株×83 株 = 5.81

④合计:546.14 元

4)场外运苗,胸径 10 cm 以内,38 株

①人工费/元:5.15 元/株×83 株 = 427.45

②材料费/元:0.24 元/株×83 株 = 19.92

③机械费/元:7.00 元/株×83 株 = 581

④合计:1 028.37 元

5)广玉兰(胸径 7~8 cm)

①材料费/元:28.8 元/株×83 株 = 2 390.4

③合计:2 390.4 元

小计

1)直接费小计:6 416.73 元,其中人工费:2 635.25 元

2)管理费/元:6 416.73 元×34% = 2 181.69

3)利润/元:6 416.73 元×8% = 513.34

4)小计/元:6 416.73 + 2 181.69 + 513.34 = 9 111.76

5)综合单价/(元·株⁻¹):9 111.76 元÷83 株 = 109.78

其分部分项工程量清单与计价表及工程量清单综合单价分析表,见表 8.6 和表 8.7。

表 8.6　分部分项工程量清单与计价表

工程名称:公园绿地 　　　　　　　　　　　　　　　　　　　　　　　　第　页　共　页

序号	项目编号	项目名称	项目特征描述	计算单位	工程数量	金额/元		
						综合单价	合价	其中:暂估费
1	050102001001	栽植乔木	广玉兰,胸径 7~8 cm	株	38	177.51	6 745.54	
2	050102001002	栽植乔木	旱柳,胸径 9~10 cm	株	83	109.78	9 111.76	
		本页小计					15 857.3	
		合计					15 857.3	

表8.7 工程量清单综合单价分析表

工程名称:公园绿地　　　　　标段:　　　　　　　　　　　　第　页　共　页

项目编号	050102001001	项目名称	栽植乔木	计量单位	株

清单综合单价组成明细

定额编号	定额名称	定额单位	数量	单价/(元·m⁻³)				合价/(元·m⁻³)			
				人工费	材料费	机械费	管理费和利润	人工费	材料费	机械费	管理费和利润
2－3	普坚土种植,胸径10 cm以内	株	38	14.37	5.99	0.34	8.69	546.06	227.62	12.92	330.37
3－1	普坚土掘苗,胸径10 cm以内	株	38	8.47	0.17	0.20	3.71	321.86	6.46	7.6	141.09
3－25	场外运苗,胸径10 cm以内	株	38	5.15	0.24	7.00	5.20	195.7	9.12	266	197.74
4－3	裸根乔木客土(100×70),胸径10 cm以内	株	38	3.76		0.07	1.61	142.88		2.66	61.13
4939001	阔瓣玉兰,胸径10 cm以内	株	38		76.5		32.13		2 907		1 220.94
人工单价		小计						1 206.5	3 150.2	289.18	1 951.27
30.81元/工日		未计价材料费						104.5			
清单项目综合单价								177.51			

材料费明细	主要材料名称、规格、型号			单位	数量	单价/元	合价/元	暂估单价/元	暂估合价/元
	土			m³	20.9	5	104.5		
	其他材料费								
	材料费小计						104.5		

　　注:1.本表采用《北京市建设工程预算定额》——绿化工程定额及《北京市建设工程材料预算价格》定额。

　　2.管理费费率采用34%,利润率采用8%。

续表8.7

工程名称:公园绿地　　　　　　标段:　　　　　　　　　　　第 页 共 页

项目编号	050102001002	项目名称	栽植乔木	计量单位	株

清单综合单价组成明细

定额编号	定额名称	定额单位	数量	单价/(元·m^{-3})				合价/(元·m^{-3})			
				人工费	材料费	机械费	管理费和利润	人工费	材料费	机械费	管理费和利润
2-3	普坚土种植,胸径10cm以内	株	83	14.37	5.99	0.34	8.69	1 192.71	497.17	28.22	721.60
3-1	普坚土掘苗,胸径10cm以内	株	83	8.47	0.17	0.20	3.71	703.01	14.11	16.6	308.16
3-25	场外运苗,胸径10cm以内	株	83	5.15	0.24	7.00	5.20	427.45	19.92	581	431.92
4-3	裸根乔木客土(100×70),胸径10cm以内	株	83	3.76		0.07	1.61	312.08		5.81	133.51
4703010	馒头柳,胸径9~10cm	株	83		28.8		12.1		2 390.4		1 003.97
人工单价		小计						2 635.25	2 921.6	631.63	2 465.65
30.81 元/工日		未计价材料费						228.25			
清单项目综合单价								109.78			

	主要材料名称、规格、型号			单位	数量	单价/元	合价/元	暂估单价/元	暂估合价/元
材料费明细	土			m^3	45.65	5	228.25		
	其他材料费								
	材料费小计						228.25		

注:1.本表采用《北京市建设工程预算定额》——绿化工程定额及《北京市建设工程材料预算价格》定额。

2.管理费费率采用34%,利润率采用8%。

8.4　园路、园桥、假山工程工程量清单计价编制及示例

8.4.1　工程量清单项目设置及工程量计算规则的原则与说明

1.概况

《建设工程工程量清单计价规范》(GB 50500—2008)附录 E.2 共 3 节 17 个项目,其中包括园路、园桥、堆砌假山、塑假山和驳岸等工程项目,适用于公园、广场和游园等风景园林建设工程。

2.项目说明

(1)园路、园桥、假山(除堆筑土山丘)和驳岸工程项目等挖土方、开凿石方、土石方运输、回填土石方是按照附录 A 有关项目列项的。

(2)园桥分为石桥、木桥项目。石桥由石基础、石桥台、石桥墩、石桥面和石栏杆等;木桥分为木桩基础、木梁、木桥面和木栏杆等。如遇某些构配件使用钢筋混凝土或金属构件时,应当按照附录 A 有关项目编码列项。

(3)山石护角项目是指土山或者堆石山的山脚堆砌的山石,兼有挡土、防护和点缀、景观、装饰等作用。

(4)山坡石台阶(专业又称蹬道)有自然,规整等做法。自然山石蹬道使用山石堆砌,没有限制严格统一的台阶高度,踏步和踢脚无需表面加工或有少许加工打荒。

(5)原木桩驳岸是指公园、游园和绿地等溪流河边造景驳岸。

3.项目特征说明

(1)园路项目路面材料的种类包括混凝土路面、沥青路面、石材路面(有规整石、毛石、卵石、片石、块石等的路面)、砖砌路面(有各种混凝土砖、机砖、釉面砖、瓷砖等材料)及其他材料的路面。

(2)树池围牙铺设方式包括围牙的平铺、侧铺等。

(3)石桥基础类型包括矩形、圆形等石砌基础。如果采用混凝土基础,应当按照附录 A 相关项目编码列项。

(4)石桥项目中的勾缝要求与附录 A 打墙勾缝是相同的。

(5)石桥项目中构件的雕饰要求,以风景园林景观工程石浮雕种类进行划分。

(6)石桥面铺筑,设计规定需作混凝土垫层或者回填土时,可以按照附录 A 相关项目编码列项。

(7)木制步桥项目中的桥宽度、桥长度均以桥板的铺设宽度和长度为准。

(8)木制步桥项目中的部件可以分为木桩、木梁、木桥板、木栏杆和木扶手,各部件的规格应当在工程量清单中予以描述。

(9)山丘、假山的高度,以最高的山头予以描述。

(10)木桩驳岸项目的桩直径,可以标注梢径(或梢径范围)予以描述。

(11)自然护岸如有水泥砂浆粘接卵石要求,需在工程量清单中予以描述。

4.工程量计算规则的说明

(1)园路有坡度时,工程量以斜面积计算。

(2)路牙有坡度时,工程量以斜长计算。

(3)嵌草砖铺设工程量中不扣除漏空部分的面积。在斜坡上铺设时,以斜面积计算。

(4)石旋脸工程量,以面积计算。

(5)堆土山丘,形状过于复杂的,工程量可以以估算体积计算,并在工程量清单中予以描述。

(6)山石护角过于复杂的,工程量也可以以估算体积计算,并在工程量清单中予以描述。

(7)凡以重量、面积、体积计算的山丘、假山等项目,竣工后,应当按照核实的工程量,根据合同条件予以调整。

5.工程内容的说明

(1)混凝土园路设置伸缩缝时,报价内应包括预留或者切割伸缩缝及嵌缝材料。

(2)报价内也应应包括围牙、盖板的制作或购置费。

(3)报价内还应包括嵌草砖的制作或购置费,当嵌草砖镂空部分填土有施肥要求时也一样。

(4)在施工时,根据施工方案规定需筑围堰时,工程量清单措施项目费应包括石桥基础的筑、拆围堰的费用。

(5)设计规定需回填土或做垫层时,石桥面铺筑的报价内应包括回填土或垫层。

(6)凡是构件发生铁扒锔、银锭扣制作等安装时,均应包含在报价内。

8.4.2 工程量清单项目及计算规则的规定

1.园路桥工程(《建设工程工程量清单计价规范》(GB 50500—2008)附录 E.2.1)

工程量清单项目设置及工程量计算规则,应按表8.8的规定执行。

表8.8 园路桥工程(表 E.2.1)(编码:050201)

项目编码	项目名称	项目特征	计量单位	工程量计算规则	工程内容
050201001	园路	1.垫层厚度、宽度、材料种类 2.路面厚度、宽度、材料种类 3.混凝土强度等级 4.砂浆强度等级	m^2	按设计图示尺寸以面积计算,不包括路牙	1.园路路基、路床整理 2.垫层铺筑 3.路面铺筑 4.路面养护
050201002	路牙铺设	1.垫层厚度、材料种类 2.路牙材料种类、规格 3.混凝土强度等级 4.砂浆强度等级	m	按设计图示尺寸以长度计算	1.基层清理 2.垫层铺设 3.路牙铺设

续表 8.8

项目编码	项目名称	项目特征	计量单位	工程量计算规则	工程内容
050201003	树池围牙、盖板	1.围牙材料种类 2.铺设方式 3.盖板材料种类、规格	m	按设计图示尺寸以长度计算	1.清理基层 2.围牙、盖板运输 3.围牙、盖板铺设
050201004	嵌草砖铺装	1.垫层厚度 2.铺设方式 3.嵌草砖品种、规格、颜色 4.漏空部分填土要求	m²	按设计图示尺寸以面积计算	1.原土夯实 2.垫层铺设 3.铺砖 4.填土
050201005	石桥基础	1.基础类型 2.石料种类、规格 3.混凝土强度等级 4.砂浆强度等级	m³	按设计图示尺寸以体积计算	1.垫层铺筑 2.基础砌筑、浇筑 3.砌石
050201006	石桥墩、石桥台	1.石料种类、规格 2.勾缝要求 3.砂浆强度等级、配合比			1.石料加工 2.起重架搭、拆 3.墩、台、旋石、旋脸砌筑 4.勾缝
050201007	拱旋石制作、安装	1.石料种类、规格 2.旋脸雕刻要求 3.勾缝要求 4.砂浆强度等级、配合比	m²	按设计图示尺寸以体积计算	
050201008	石旋脸制作、安装				
050201009	金刚墙砌筑		m³	按设计图示尺寸以体积计算	1.石料加工 2.起重架搭、拆 3.砌石 4.填土夯实
050201010	石桥面铺筑	1.石料种类、规格 2.找平层厚度、材料种类 3.勾缝要求 4.混凝土强度等级 5.砂浆强度等级	m²	按设计图示尺寸以面积计算	1.石材加工 2.抹找平层 3.起重架搭、拆 4.桥面、桥面踏步铺设 5.勾缝
050201011	石桥面檐板	1.石料种类、规格 2.勾缝要求 3.砂浆强度等级、配合比			1.石材加工 2.檐板、仰天石、地伏石铺设 3.铁锔、银锭安装 4.勾缝
050201012	仰天石、地伏石		m/m³	按设计图示尺寸以面积计算	

续表8.8

项目编码	项目名称	项目特征	计量单位	工程量计算规则	工程内容
050201013	石望柱	1.石料种类、规格 2.柱高、截面 3.柱身雕刻要求 4.柱头雕饰要求 5.勾缝要求 6.砂浆配合比	根	按设计图示数量计算	1.石料加工 2.柱身、柱头雕刻 3.望柱安装 4.勾缝
050201014	栏杆、扶手	1.石料种类、规格 2.栏杆、扶手的截面 3.勾缝要求 4.砂浆配合比	m	按设计图示尺寸以长度计算	1.石料加工 2.栏杆、扶手安装 3.铁锔、银锭安装 4.勾缝
050201015	栏板、撑鼓	1.石料种类、规格 2.栏板、撑鼓雕刻要求 3.勾缝要求 4.砂浆配合比	块/m²	按设计图示数量或面积计算	1.石料加工 2.栏板、撑鼓雕刻 3.栏板、银锭安装 4.勾缝
050201016	木制步桥	1.桥宽度 2.桥长度 3.木材种类 4.各部件截面长度 5.防护材料种类	m²	按设计图示尺寸以桥面板长乘桥面板宽以面积计算	1.木桩加工 2.打木桩基础 3.木梁、木桥板、木桥栏杆、木扶手制作、安装 4.连接铁件、螺栓安装 5.刷防护材料

2.堆塑假山(《建设工程工程量清单计价规范》(GB 50500—2008)附录 E.2.2)

工程量清单项目设置及工程量计算规则,应按表8.9的规定执行。

表8.9 堆塑假山(表 E.2.2)(编码:050202)

项目编码	项目名称	项目特征	计量单位	工程量计算规则	工程内容
050202001	堆筑土山丘	1.山丘高度 2.土丘坡度要求 3.土丘底外接矩形面积	m³	按设计图示山丘水平投影外接矩形面积乘以高度的1/3以体积计算	1.取土 2.运土 3.堆砌、夯实 4.修整
050202002	堆砌石假山	1.堆砌高度 2.石料种类、单块重量 3.混凝土强度等级 4.砂浆强度等级、配合比	t	按设计图示尺寸以质量计算	1.选料 2.起重架搭、拆 3.堆砌、修整

续表 8.9

项目编码	项目名称	项目特征	计量单位	工程量计算规则	工程内容
050202003	塑假山	1.假山高度 2.骨架材料和种类、规格 3.山皮料种类 4.混凝土强度等级 5.砂浆强度等级、配合比 6.防护材料种类	m²	按设计图示尺寸以展开面积计算	1.骨架制作 2.假山胎模制作 3.塑假山 4.山皮料安装 5.刷防护材料
050202004	石笋	1.石笋高度 2.石笋材料种类 3.砂浆强度等级、配合比	支	按设计图示数量计算	1.选石料 2.石笋安装
050202005	点风景石	1.石料种类 2.石料规格、重量 3.砂浆配合比	块		1.选石料 2.起重架搭、拆 3.点石
050202006	池石、盆景石	1.底盘种类 2.山石高度 3.山石种类 4.混凝土砂浆强度等级 5.砂浆强度等级、配合比	座(个)		1.底盘制作、安装 2.池石、盆景山石安装、砌筑
050202007	山石护角	1.石料种类、规格 2.砂浆配合比	m²	按设计图示尺寸以体积计算	1.石料加工 2.砌石
050202008	山坡石台阶	1.石料种类、规格 2.台阶坡度 3.砂浆强度等级	m²	按设计图示尺寸以水平投影面积计算	1.选石料 2.台阶砌筑

3.驳岸(《建设工程工程量清单计价规范》(GB 50500—2008)附录 E.2.3)

工程量清单项目设置及工程量计算规则,应按表 8.10 的规定执行。

表 8.10　驳岸(E.2.3)(编码:050203)

项目编码	项目名称	项目特征	计量单位	工程量计算规则	工程内容
050203001	石砌驳岸	1.石料种类、规格 2.驳岸截面、长度 3.勾缝要求 4.砂浆强度等级、配合比	m³	按设计图示尺寸以体积计算	1.石料加工 2.砌石 3.勾缝

续表 8.10

项目编码	项目名称	项目特征	计量单位	工程量计算规则	工程内容
050203002	原木桩驳岸	1.木材种类 2.桩直径 3.桩单根长度 4.防护材料种类	m	按设计图示以桩长(包括桩尖)计算	1.木桩加工 2.打木桩 3.刷防护材料
050203003	散铺砂卵石护岸(自然护岸)	1.护岸平均宽度 2.粗细砂比例 3.卵石粒径 4.大卵石粒径、数量	m²	按设计图示平均护岸宽度乘以护岸长度以面积计算	1.修边坡 2.铺卵石、点布大卵石

4.其他相关问题的处理(《建设工程工程量清单计价规范》(GB 50500—2008)附录 E.2.4)

其他相关问题,应按下列规定处理:

(1)园路、园桥、假山(堆筑土山丘除外)、驳岸工程等的挖土方、开凿石方、回填等应按《建设工程工程量清单计价规范》(GB 50500—2008)附录 A.1 相关项目编码列项。

(2)如有某些构配件使用钢筋混凝土或金属构件时,应按《建设工程工程量清单计价规范》(GB 50500—2008)附录 A 或《建设工程工程量清单计价规范》(GB 50500—2008)附录 D 相关项目编码列项。

8.4.3　工程量清单编制与计价示例

【示例 8.2】　某广场园路,面积 144 m²,垫层厚度、宽度、材料种类:混凝土垫层宽 2.5 m,厚 120 mm;路面厚度、宽度、材料种类:水泥砖路面,宽 2.5 m;混凝土、砂浆强度等级:C20 混凝土垫层,M5 混合砂浆结合层。试计算工程量,并填写分部分项工程量清单与计价表和工程量清单综合单价分析表。

【解】　投标人计算(按单价)如下:

(1)园路土基,整理路床工程量为 43.2 m³(按 30 cm 厚计算)

①人工费:266.98 元

②合计:298.94 元

(2)基础垫层(混凝土)工程量为 17.3 m³

①人工费:659.65 元

②材料费:2 188.10 元

③机械使用费:199.99 元

④合计:3 047.74 元

(3)预制水泥方格砖面层(浆垫)工程量为 144 m²

①人工费:482.4 元

②材料费:5 124.96 元

③机械使用费:10.08 元

④合计:5 617.44 元

(4)综合

①直接费用单价合计:62.25 元

②管理费/元:62.25 × 16% = 9.96

③利润/元:62.25 × 12% = 7.47

④综合单价:79.68 元

⑤总计:11 473.92 元

其分部分项工程量清单与计价表及工程量清单综合单价分析表,见表 8.8 和表 8.9。

表 8.8　分部分项工程量清单与计价表

工程名称:某小区入口广场　　　　　　　　　　　　　　　　第　页　共　页

序号	项目编码	项目名称	项目特征描述	计量单位	工程量	金额/元		
						综合单价	合价	其中:暂估价
1		园路土基,整理路床	人工回添土,夯添	m^3	43.2	8.86	382.75	
2		基础垫层(混凝土)	C20 混凝土垫层宽 2.5 m,厚 120 mm 包括现场搅拌混凝土	m^3	17.3	225.50	3 901.15	
3		预制水泥方格砖面层(浆垫)		m^2	144	49.93	7 189.92	
本页小计							11 473.82	
合计							11 473.82	

表 8.9　工程量清单综合单价分析表

工程名称:某小区入口广场　　　　标段　　　　　　　　　　第　页　共　页

项目编号		项目名称		计量单位	株						
清单综合单价组成明细											
定额编号	定额名称	定额单位	数量	单价/(元·m^{-3})				合价/(元·m^{-3})			
				人工费	材料费	机械费	管理费和利润	人工费	材料费	机械费	管理费和利润
1 - 20	人工回添土,夯添	m^3	43.2	6.18		0.74	28%	266.98		31.97	83.71
2 - 5	垫层素混凝土	m^3	17.3	38.13	126.48	11.56	28%	659.65	2 188.10	199.99	853.37
2 - 11	水泥方格砖路面	m^2	144	3.35	35.59	0.07	28%	482.4	5 124.96	10.08	1 572.88
人工单价	小计										
25.73 元/工日	未计价材料费										

续表 8.9

清单项目综合单价					109.78			
材料费明细	主要材料名称、规格、型号	单位	数量	单价/元	合价/元	暂估单价/元	暂估合价/元
	水泥方格砖(50×250×250)	块	2 304	2.20	5 068.80	2.22	5 114.88
	其他材料费						
	材料费小计						

注:本题以《陕西省市政、园林绿化工程消耗量定额 2004》和《陕西省园林绿化工程价目表 2006》为例。

8.5 风景园林景观工程工程量清单计价编制及示例

8.5.1 工程量清单项目设置及工程量计算规则的原则与说明

1.概况

《建设工程工程量清单计价规范》(GB 50500—2008)附录 E.3 共有 6 节 41 个项目,其中包括原木、竹构件、亭廊屋面、花架、园林桌椅、喷泉和杂项等工程项目,适用于风景园林景观工程。

2.项目说明

(1)本章项目中未包括的基础、柱、梁、墙和屋架等项目,发生时应当按照附录 A 相关项目编码列项。

(2)本章所列原木指的是不剥树皮的原木。

(3)原木墙项目,适用于墙体上铺钉树皮项目。

(4)竹编墙项目,也可用于在墙体上铺钉竹板墙体项目。

(5)树枝、竹编制的花牙子,按照树枝吊楣子项目编码列项。

(6)草屋面、竹屋面、树皮屋面的木基层应当按照附录 A 木结构的屋面木基层(包括檩子、椽子、屋面板等)项目编码列项。

(7)混凝土斜屋面板、亭屋面板上盖瓦,应当按照附录 A 瓦屋面项目编码列项。

(8)膜结构的亭、廊应当按照附录 A 膜结构屋面项目编码列项。

(9)花架项目中的“梁”包括盖梁和连系梁。

(10)石桌、石凳项目可用于经人工雕凿的石桌、石凳,也可用于选自然石料的石桌、石凳。

(11)喷泉水池应当按照附录 A 相关项目编码列项。

(12)仿石音箱项目应当按照附录 A 相关项目编码列项。

(13)标志牌项目适用于各种材料的指示牌、指路牌和警示牌等。

3.项目特征的说明

(1)木构件的连接方式包括开榫连接、铁件连接、扒钉连接和粘接。

(2)竹构件的连接方式包括钻孔竹钉固定、竹篾绑扎和铁丝绑扎。

(3)原木(带树皮)墙项目的龙骨材料、底层材料是指铺钉树皮的墙体龙骨材料和铺钉树皮底层材料。例如木龙骨钉铺木板墙,在木板墙上再铺钉树皮。

(4)防护材料是指防水,防腐,防虫涂料等。

(5)铺草种类是指麦草、谷草、山草、丝茅草等。

(6)竹屋面的竹材通常使用毛竹(楠竹)。

(7)花架应描述柱和梁的截面尺寸、高度和根数。

(8)飞来椅的座凳楣子是指坐凳面下的楣子。

(9)飞来椅靠背的形状、尺寸,其中形状是指靠背是直形或是弯形(鹅颈),尺寸是指截面尺寸和长度。

(10)塑料座凳包括仿竹、仿树木的塑料椅。

4.工程量计算规则的说明

(1)树枝、竹制的花牙子以框外围面积或个计算。

(2)穹顶的肋和壁基梁应列入穹顶体积内计算。

(3)喷泉管道工程量从供水主管接口算至喷头接口(但不包括喷头长度)。

(4)水下艺术装饰灯具工程量以每个灯泡、灯头、灯座以及与之配套的配件为一套。

(5)砖石砌小摆设工程量以体积计算。如果外形过于复杂,难以计算,也可按个计算,例如有雕饰的须弥座。按个计算工程量时,工程量清单中应描述其外形的主要尺寸,如长、宽、高的尺寸。

5.工程内容的说明

(1)混凝土构件的钢筋、铁件制作安装应当按照附录 A 的相关项目编码列项。

(2)原木(带树皮)、树枝、竹制构配件需加热煨弯或校直时,报价内应包括加热费用。

(3)报价内应包括草屋面需捆把的竹片和篾条。

(4)就位预制亭屋面和穹顶使用土胎膜时,应计算挖土、过筛、夯筑、抹灰以及构件出槽后的回填等,此时工程量清单措施项目内应包括土胎膜发生的费用。

(5)彩色压型板(夹心板)亭屋面板、穹顶屋面使用金属骨架的,如果工程量清单单独列入金属骨架项目,亭屋面或穹顶屋面报价内不应包括骨架。

(6)预制混凝土花架、木花架、金属花架的构件安装包括吊装。

(7)飞来椅铁件如果是由投标人制作的,则还应包括铁件制作和运输的费用。

(8)飞来椅铁件包括靠背、扶手、座凳面与柱或墙的连接铁件以及座凳腿与地面的连接铁件。

8.5.2　工程量清单项目及计算规则的规定

1.原木、竹构件(《建设工程工程量清单计价规范》(GB 50500—2008)附录 E.3.1)

工程量清单项目设置及工程量计算规则,应按表 8.11 的规定执行。

表 8.11　原木、竹构件(表 E.3.1)(编码:050301)

项目编码	项目名称	项目特征	计量单位	工程量计算规则	工程内容
050301001	原木(带树皮)柱、梁、檩、椽	1.原木种类 2.原木梢径(不含树皮厚度) 3.墙龙骨材料种类、规格 4.墙底层材料种类、规格 5.构件连接方式 6.防护材料种类	m	按设计图示尺寸以长度计算(包括榫长)	1.构件制作 2.构件安装 3.刷防护材料
050301002	原木(带树皮)墙		m²	按设计图示尺寸以面积计算(不包括柱、梁)	
050301003	树枝吊挂楣子			按设计图示尺寸以框外围面积计算	
050301004	竹柱、梁、檩、椽	1.竹种类 2.竹梢径 3.连接方式 4.防护材料种类	m	按设计图示尺寸以长度计算	
050301005	竹编墙	1.竹种类 2.墙龙骨材料种类、规格 3.墙底层材料种类、规格 4.防护材料种类	m²	按设计图示尺寸以面积计算(不包括柱、梁)	
050301006	竹吊挂楣子	1.竹种类 2.竹梢径 3.防护材料种类		按设计图示尺寸以框外围面积计算	

2.亭廊屋面(《建设工程工程量清单计价规范》(GB 50500—2008)附录 E.3.2)

工程量清单项目设置及工程量计算规则,应按表 8.12 的规定执行。

表 8.12　亭廊屋面(表 E.3.2)(编码:050302)

项目编码	项目名称	项目特征	计量单位	工程量计算规则	工程内容
050302001	草屋面	1.屋面坡度 2.铺草种类 3.竹材种类 4.防护材料种类	m²	按设计图示尺寸以斜面面积计算	1.整理、选料 2.屋面铺设 3.刷防护材料
050302002	竹屋面				
050302003	树皮屋面				

续表 8.12

项目编码	项目名称	项目特征	计量单位	工程量计算规则	工程内容
050302004	现浇混凝土斜屋面板	1.檐口高度 2.屋面坡度 3.板厚	m³	按设计图示尺寸以体积计算,混凝土屋脊、椽子、角梁、扒梁均并入屋面体积内	混凝土制作、运输、浇筑、振捣、养护
050302005	现浇混凝土攒尖亭屋面板	4.椽子截面 5.老角梁、子角梁截面 6.脊截面 7.混凝土强度等级			
050302006	就位预制混凝土攒尖亭屋面板	1.亭屋面坡度 2.穹顶弧长、直径 3.肋截面尺寸 4.板厚 5.混凝土强度等级 6.砂浆强度等级 7.拉杆材质、规格	m³	按设计图示尺寸以体积计算,混凝土脊和穹顶的肋、基梁并入屋面体积内	1.混凝土制作、运输、浇筑、振捣、养护 2.预埋铁件、拉杆安装 3.构件出槽、养护、安装 4.接头灌缝
050302007	就位预制混凝土穹顶				
050302008	彩色压型钢板(夹芯板)攒尖亭屋面板	1.屋面坡度 2.穹顶弧长、直径 3.彩色压型钢板(夹芯板)品种、规格、品牌、颜色 4.拉杆材质、规格 5.嵌缝材料种类 6.防防材料种类	m²	按设计图示尺寸以面积计算	1.压型板安装 2.护角、包角、泛水安装 3.嵌缝 4.刷防护材料
050302009	彩色压型钢板(夹芯板)穹顶				

3.花架(《建设工程工程量清单计价规范》(GB 50500—2008)附录 E.3.3)

工程量清单项目设置及工程量计算规则,应按表表 8.13 的规定执行。

表 8.13　花架(E.3.3)(编码:050303)

项目编码	项目名称	项目特征	计量单位	工程量计算规则	工程内容
050303001	现浇混凝土花架柱、梁	1.柱截面、高度、根数 2.盖梁截面、高度、根数 3.连系梁截面、高度、根数 4.混凝土强度等级	m³	按设计图示尺寸以体积计算	1.土(石)方挖运 2.混凝土制作、运输、浇筑、振捣、养护

续表 8.13

项目编码	项目名称	项目特征	计量单位	工程量计算规则	工程内容
050303002	预制混凝土花架柱、梁	1.柱截面、高度、根数 2.盖梁截面、高度、根数 3.连系梁截面、高度、根数 4.混凝土强度等级 5.砂浆配合比	m³	按设计图示尺寸以体积计算	1.土(石)方挖运 2.混凝土制作、运输、浇筑、振捣、养护 3.构件制作、运输、安装 4.砂浆制作、运输 5.接头灌缝、养护
050303003	木花架柱、梁	1.木材种类 2.柱、梁截面 3.连接方式 4.防护材料种类	m³	按设计图示截面乘长度(包括榫长)以体积计算	1.土(石)方挖运 2.混凝土制作、运输、浇筑、振捣、养护 3.构件制作、运输、安装 4.刷防护材料、油漆
050303004	金属花架柱、梁	1.钢材品种、规格 2.柱、梁截面 3.油漆品种、刷漆遍数	t	按设计图示以质量计算	

4.园林桌椅(《建设工程工程量清单计价规范》(GB 50500—2008)附录 E.3.4)

工程量清单项目设置及工程量计算规则,应按表 8.14 的规定执行。

表 8.14　园林桌椅(表 E.3.4)(编码:050304)

项目编码	项目名称	项目特征	计量单位	工程量计算规则	工程内容
050304001	木制飞来椅	1.木材种类 2.座凳面厚度、宽度 3.靠背扶手截面 4.靠背截面 5.座凳楣子形状、尺寸 6.铁件尺寸、厚度 7.油漆品种、刷油遍数	m	按设计图示尺寸以座凳面中心线长度计算	1.座凳面、靠背扶手、靠背、楣子制作、安装 2.铁件安装 3.刷油漆
050304002	钢筋混凝土飞来椅	1.座凳面厚度、宽度 2.靠背扶手截面 3.靠背截面 4.座凳楣子形状 5.混凝土强度等级 6.砂浆配合比 7.油漆品种、刷油遍数	m	按设计图示尺寸以座凳面中心线长度计算	1.混凝土制作、运输、浇筑、振捣、养护 2.预制件运输、安装 3.砂浆制作、运输、抹面、养护 4.刷油漆

续表 8.14

项目编码	项目名称	项目特征	计量单位	工程量计算规则	工程内容
050304003	竹制飞来椅	1.竹材种类 2.座凳面厚度、宽度 3.靠背扶手梢径 4.靠背截面 5.座凳楣子形状、尺寸 6.铁件尺寸、厚度 7.防护材料种类	m	按设计图示尺寸以座凳面中心线长度计算	1.座凳面、靠背扶手、靠背、楣子制作、安装 2.铁件安装 3.刷防护材料
050304004	现浇混凝土桌凳	1.桌凳形状 2.基础尺寸、埋设深度 3.桌面尺寸、支墩高度 4.凳面尺寸、支墩高度 5.混凝土强度等级、砂浆配合比	个	按设计图示数量计算	1.土方挖运 2.混凝土制作、运输、浇筑、振捣、养护 3.桌凳制作 4.砂浆制作、运输 5.桌凳安装、砌筑
050304005	预制混凝土桌凳	1.桌凳形状 2.基础形状、尺寸、埋设深度 3.桌面形状、尺寸、支墩高度 4.凳面尺寸、支墩高度 5.混凝土强度等级 6.砂浆配合比	个	按设计图示数量计算	1.混凝土制作、运输、浇筑、振捣、养护 2.预制件制作、运输、安装 3.砂浆制作、运输 4.接头灌缝、养护
050304006	石桌石凳	1.石材种类 2.基础形状、尺寸、埋设深度 3.桌面形状、尺寸、支墩高度 4.凳面形状、尺寸、支墩高度 5.混凝土强度等级 6.砂浆配合比	个	按设计图示数量计算	1.土方挖运 2.混凝土制作、运输、浇筑、振捣、养护 3.桌凳制作 4.砂浆制作、运输 5.桌凳安砌
050304007	塑树根桌凳	1.桌凳直径 2.桌凳高度 3.砖石种类 4.砂浆强度等级、配合比 5.颜料品种、颜色	个	按设计图示数量计算	1.土(石)方运挖 2.砂浆制作、运输 3.砖石砌筑 4.塑树皮 5.绘制木纹
050304008	塑树节椅				
050304009	塑料、铁艺、金属椅	1.木座板面截面 2.塑料、铁艺、金属椅规格、颜色 3.混凝土强度等级 4.防护材料种类	个	按设计图示数量计算	1.土(石)方挖运 2.混凝土制作、运输、浇筑、振捣、养护 3.座椅安装 4.木座板制作、安装 5.刷防护材料

5.喷泉安装(《建设工程工程量清单计价规范》(GB 50500—2008)附录 E.3.5)

工程量清单项目设置及工程量计算规则,应按表 8.15 的规定执行。

表 8.15　喷泉安装(表 E.3.5)(编码:050305)

项目编码	项目名称	项目特征	计量单位	工程量计算规则	工程内容
050305001	喷泉管道	1.管材、管件、水泵、阀门、喷头品种、规格、品牌 2.管道固定方式 3.防护材料种类	m	按设计图示尺寸以长度计算	1.土(石)方挖运 2.管道、管件、水泵、阀门、喷头安装 3.刷防护材料 4.回填
050305002	喷泉电缆	1.保护管品种、规格 2.电缆品种、规格	m	按设计图示尺寸以长度计算	1.土(石)方挖运 2.电缆保护管安装 3.电缆敷设 4.回填
050305003	水下艺术装饰灯具	1.灯具品种、规格、品牌 2.灯光颜色	套	按设计图示数量计算	1.灯具安装 2.支架制作、运输、安装
050305004	电气控制柜	1.规格、型号 2.安装方式	台	按设计图示尺寸以长度计算	1.电气控制柜(箱)安装 2.系统调试

6.杂项(《建设工程工程量清单计价规范》(GB 50500—2008)附录 E.3.6)

工程量清单项目设置及工程量计算规则,应按表 8.16 的规定执行。

表 8.16　杂项(表 E.3.6)(编码:050306)

项目编码	项目名称	项目特征	计量单位	工程量计算规则	工程内容
050306001	台灯	1.石料种类 2.石灯最大截面 3.石灯高度 4.混凝土强度等级 5.砂浆配合比	个	按设计图示数量计算	1.土(石)方挖运 2.混凝土制作、运输、浇筑、振捣、养护 3.石灯制作、安装
050306002	塑仿石音箱	1.音箱石内空尺寸 2.铁丝型号 3.砂浆配合比 4.水泥漆品牌、颜色	个	按设计图示数量计算	1.胎模制作、安装 2.铁丝网制作、安装 3.砂浆制作、运输、养护 4.喷水泥漆 5.埋置仿石音箱
050306003	塑树皮梁、柱	1.塑树种类 2.塑竹种类 3.砂浆配合比 4.颜料品种、颜色	m² (m)	按设计图示尺寸以梁柱外表面计算或以构件长度计算	1.灰塑 2.刷涂颜料
050306004	塑竹梁、柱				

续表 8.16

项目编码	项目名称	项目特征	计量单位	工程量计算规则	工程内容
050306005	花坛铁艺栏杆	1.铁艺栏杆高度 2.铁艺栏杆单位长度重量 3.防护材料种类	m	按设计图示尺寸以长度计算	1.铁艺栏杆安装 2.刷防护材料
050306006	标志牌	1.材料种类、规格 2.镌字规格、种类 3.喷字规格、颜色 4.油漆品种、颜色	个	按设计图示数量计算	1.选料 2.标志牌制作 3.雕凿 4.镌字、喷字 5.运输、安装 6.刷油漆
050306007	石浮雕	1.石料种类 2.浮雕种类 3.防护材料种类	m²	按设计图示尺寸以雕刻部分外接矩形面积计算	1.放样 2.雕琢 3.刷防护材料
050306008	石镌字	1.石料种类 2.镌字种类 3.镌字规格 4.防护材料种类	个	按设计图示数量计算	
050306009	砖石砌小摆设	1.砖种类、规格 2.石种类、规格 3.砂浆强度等级、配合比 4.石表面加工要求 5.勾缝要求	m³ (个)	按设计图示尺寸以体积计算或以数量计算	1.砂浆制作、运输 2.砌砖、石 3.抹面、养护 4.勾缝 5.石表面加工

7.其他相关问题的处理(《建设工程工程量清单计价规范》(GB 50500—2008)附录 E.3.7

其他相关问题,应按下列规定处理:

(1)柱顶石(磉蹬石)、木柱、木屋架、钢柱、钢屋架、屋面木基层和防水层等,应按《建设工程工程量清单计价规范》(GB 50500—2008)附录 A 相关项目编码列项。

(2)需单独列项目的土石方和基础项目,应按《建设工程工程量清单计价规范》(GB 50500—2008)附录 A 相关项目编码列项。

(3)木构件连接方式应包括开榫连接、铁件连接、扒钉连接、铁钉连接。

(4)竹构件连接方式应包括竹钉固定、竹篾绑扎、铁丝绑扎。

(5)膜结构的亭、廊。按《建设工程工程量清单计价规范》(GB 50500—2008)附录 A 相关项目编码列项。

(6)喷泉水池应按《建设工程工程量清单计价规范》(GB 50500—2008)附录 A 相关项目编码列项。

(7)石浮雕应按表 8.17 分类。

表 8.17　石浮雕分类

浮雕种类	加 工 内 容
阴刻线	首先磨光磨平石料表面,然后以刻凹线(深度在 2～3 mm)勾画出人物、动物或山水
平浮雕	首先扁光石料表面,然后凿出堂子(凿深在 60 mm 以内),凸出欲雕图案。图案凸出平面应达到"扁光"、堂子达到"钉细麻"
浅浮雕	首先凿出石料初形,凿出堂子(凿深在 60～200 mm 以内),凸出欲雕图形,再加工雕饰图形,使其表面有起有伏,有立体感。图形表面应达到"二遍剁斧",堂子达到"钉细麻"
高浮雕	首先凿出石料初形,然后凿掉欲雕图形多余部分(凿深在 200 mm 以上),凸出欲雕图形,再细雕图形,使之有较强的立体感(有时高浮雕的个别部位与堂子之间漏空)。图形表面达到"四遍剁斧",堂子达到"钉细麻"或"扁光"

(8)石镌字种类应是指阴文和阴包阳。

(9)砌筑果皮箱、放置盆景的须弥座等,应按《建设工程工程量清单计价规范》(GB 50500—2008)附录 E.3.6 中砖石砌小摆设项目编码列项。

8.5.3　工程量清单编制与计价示例

【示例 8.3】　某城市一公园步行木桥,桥面长 8 m、宽 2 m,桥板厚 30 mm,满铺平口对缝,采用木桩基础:原木梢径 80、长 6 m,共 17 根,横梁原木梢径 80、长 2 m,共 10 根,纵梁原木梢径 100、长 6 m,共 8 根。栏杆、栏杆柱、扶手、扫地杆、斜撑采用枋木 80 mm × 80 mm(刨光),栏杆高 900 mm。全部采用杉木。试计算工程量,并填写分部分项工程量清单与计价表和工程量清单综合单价分析表。

【解】　经业主根据施工图计算步行木桥工程量为 16.00 m²

投标人计算如下:

(1)原木桩工程量(查原木材积表)为 0.64 m³

①人工费/元:28 元/工日 × 21.6 × 0.64 工日 = 387.07

②材料费/元:原木 830 元/m³ × 0.64 m³ = 531.2

③机械费/元:18.21 × 0.64 = 11.65

④合计:929.92 元

(2)原木横、纵梁工程量(查原木材料表)为 0.472 m³

①人工费/元:28 元/工日 × 8.91 × 0.472 工日 = 117.75

②材料费/元:原木 830 元/m³ × 0.472 m³ = 391.76

扒钉/元:3.5 元/kg × 20.6 kg = 72.1(元)

小计:463.86 元

③合计:581.61 元

(3)桥板工程量 5.415 m³,面积 16.00 m²

①人工费/元:28 元/工日 × 5.85 × 16 工日 = 2 620.8

②材料费/元:板材 1200 元/m³ × 5.415 m³ = 6 498

铁钉 2.5 元/kg × 26 kg = 65

小计:6 563.00 元

③合计:9 183.8 元

(4)栏杆、扶手、扫地杆、斜撑工程量 0.24 m³,面积 1.33 m²

①人工费/元:28 元/工日 × 4.94 × 1.33 工日 = 183.97

②材料费/元:板材 1200 元/m³ × 0.24 m³ = 288.00

铁件/元:3.5 元/kg × 7.5 kg = 26.25

小计:314.25 元

③合计:498.22 元

(5)综合

①直接费用合计:11 193.55 元

②管理费/元:直接费 × 25% = 2 798.39

③利润/元:直接费 × 8% = 895.48

④总计:14 887.42 元

⑤综合单价:930.46 元/m²

其分部分项工程量清单与计价表及工程量清单综合单价分析表,见表 8.10 和表 8.11。

表 8.10　分部分项工程量清单与计价表

工程名称:某公园　　　　　　　　　　　　　　　　　　　　　　　　　　第　页　共　页

序号	项目编码	项目名称	项目特征描述	计量单位	工程量	金额/元		
						综合单价	合价	其中:暂估价
1		原木桩工程量	原木桩制作、施工	m³	0.64	1 932.49	1 236.79	
2		原木横、纵梁工程量	原木横、纵梁制作安装	m³	0.472	1 638.86	773.54	
3		桥板工程量	桥板制作安装	m²	16	763.40	12 214.4	
4		栏杆、扶手、扫地杆、斜撑工程量	栏杆、扶手、扫地杆、斜撑制作安装	m²	1.33	498.22	662.63	
		本页小计					14 887.36	
		合计					14 887.36	

表 8.11　工程量清单综合单价分析表

工程名称:某公园　　　　　　标段:　　　　　　　　　　　　　　　　　　　第　页　共　页

项目编号	050201016001	项目名称	园林景观工程	计量单位	m²

清单综合单价组成明细

定额编号	定额名称	定额单位	数量	单价/(元·m⁻³) 人工费	材料费	机械费	管理费和利润	合价/(元·m⁻³) 人工费	材料费	机械费	管理费和利润
1-28	人工打原木桩	m³	0.64	604.80	830	18.21	33%	387.07	531.2	11.65	306.87
7-80	木步桥构件制作	m³	0.472	249.47	982.75		33%	117.75	463.86		191.93
7-83 7-86	木步桥桥面板制安并磨平	m²	16	163.8	410.19		33%	2 620.86	6 563.00		3 030.65
7-87	木步桥花栏杆	m²	1.33	138.32	236.28		33%	183.97	314.25		164.41
人工单价				小计							
28 元/工日				未计价材料费				228.25			

清单项目综合单价

材料费明细	主要材料名称、规格、型号	单位	数量	单价	合价/元	暂估单价/元	暂估合价/元
	木桩基础:原木梢径 φ80、长 6 m,共 17 根	m³	0.64	830 元/m³	531.2		
	横梁原木梢径 φ80、长 2 m,共 10 根,纵梁原木梢径 φ100、长 6 m,共 8 根	m³	0.472	830 元/m³	391.76		
	扒钉	kg	20.6	3.5 元/kg	72.1		
	桥板宽 2 m,桥板厚 30 mm	m³	5.415	1 200 元/m³	6 498		
	栏杆、栏杆柱、扶手、扫地杆、斜撑采用枋木 80 mm×80 mm(刨光)	m³	0.24	1 200 元/m³	288.00		
	铁件	kg	7.5	3.5 元/kg	26.25		
	其他材料费						
	材料费小计				228.25		

注:本题以《陕西省市政、园林绿化工程消耗量定额 2004》和《陕西省园林绿化工程价目表 2006》为例。

参 考 文 献

[1] 朱维益.市政与园林工程工程量清单计价[M].北京:机械工业出版社,2004.

[2] 中华人民共和国住房和城乡建设部建设工程工程量清单计价规范(GB 50500—2008) [S].北京:中国计划出版社,2008.

[3]《建设工程工程量清单计价规范》编制组.《建设工程工程量清单计价规范》宣贯辅导教材[M].北京:中国计划出版社,2008.

[4] 李希伦.建设工程工程量清单计价编制实用手册[M].北京:中国计划出版社,1999.

[5] 马月吉.怎样编制与审核工程预算[M].2版.北京:中国建筑工业出版社,1996.

[6] 李海军,王京丹.园林绿化工程预算百问[M].北京:中国建筑工业出版社,2004.

[7] 于忠诚.建筑工程定额与预算[M].北京:中国建筑工业出版社,1995.

[8] 刘卫斌,康小勇.园林工程概预算[M].北京:中国农业出版社,2006.

[9] 王辉忠.园林工程概预算[M].北京:中国农业大学出版社,2008.